knitted Socks

· 누구나 쉽게 따라 하는 ·

사계절 손뜨개 양말

이상미 지음

미호

나는 정직한 손기술을 바탕으로 실과 대바늘을 이용해 한 코 한 코 여유롭게 뜨면서 실용적인 무언가를 만들 수 있는 손뜨개를 좋아한다. 손뜨개는 사람의 손으로 직접 뜨기 때문에 투박할 것이라고 생각하는 경우가 많다. 하지만 모든 숙련된 기술들이 그렇듯, 일정 수준 이상이 된 기술에 투박함이라는 말은 어울리지 않는다.

손뜨개는 아주 멋진 공예의 한 분야이다. 손뜨개를 하면 내가 원하는 것을, 내가 좋아하는 색과 무늬로, 내가 선호하는 섬유 소재를 이용해 만들어서 착용하는 게 가능하다. 손뜨개는 매우 생산적인 취미 생활로 우리 모두의 마음속에 존재하는 예술가의 혼을 자유롭게 발휘할 수 있는 영역이기도 하다.

손뜨개에는 다양한 분야가 있는데 나는 그중에 양말이나 장갑과 같은 작은 소품 뜨기의 매력에 푹 빠지게 되었다. 특히 양말 뜨기가 그렇다. 손뜨개 양말은 이차원의 방식으로 인체공학적인 삼차원의 구조를 만들어내는데, 그러기 위해서 손뜨개의 다양한 기법들을 압축적으로 사용한다. 손뜨개 양말을 한 켤레 한 켤레 뜰 때마다 인류의 지혜가 압축된 최고의 수공예품을 내 손으로 직접 만드는 즐거움에 점점 빠지게 되었다.

처음 양말을 떴을 때에는 내 손으로 직접 양말도 뜰 수 있다는 점이 너무 신기하고 감격스러웠다. 내가 좋아하는 색으로 내가 직접 뜬 손뜨개 양말은 나의 일상을 함께하는 예술품이었다. 나에게는 뿌듯함을, 타인에게는 놀라움을 선물해주는 이 예술품은 매우 실용적이어서 나의 발을 따뜻하게 해주고 포근함과 쾌적함을 느끼게 해주었다.

이러한 양말 뜨기의 매력을 다른 사람들과 나누고 싶어서 양말 도안을 만들고 수업을 진행해오며 어떻게 하면 보다 쉽고 정확하게 손뜨개 양말 뜨기를 익힐 수 있을지를 수년간 고민해왔다. 이 책은 그러한 고민에 대한 첫 번째 답이 될 것이다.

누구나 뜰 수 있는 아주 쉬운 방식의 심플한 양말부터 다양한 패턴과 기법이 적용된 완성도 높은 양말까지. 이 책은 양말 뜨기의 기본 기법을 배우고, 난이도 있는 도안까지 차근차근 단계적으로 익힐 수 있도록 구성했다. 마음속으로 그려왔던 나만의 양말을 뜨는 법을 직접 가르쳐주기보다는 그것을 현실화시킬 수 있는 기본적인 기법과 방법을 익히는 데 중점을 둘 것이다. 이 책을 통해 기본을 바탕으로 조금씩 무늬를 바꾸고 비율을 조절하면서 기초 양말 패턴을 어떻게 활용하는지를 볼 수 있다. 《사계절 손뜨개 양말》이 여러분이 뜨고 싶은 양말을 만들 수 있도록 도와주는 가이드북이 될 것이라고 믿는다.

contents

Chapter 1

양말 뜨기
준비

Knitted socks

POINT 1

챕터 1에 자세하게 기술된 양말 뜨
기에 관한 설명을 먼저 읽어보세요.
양말의 구조를 파악하고 뜨개 준비
를 할 수 있어요.

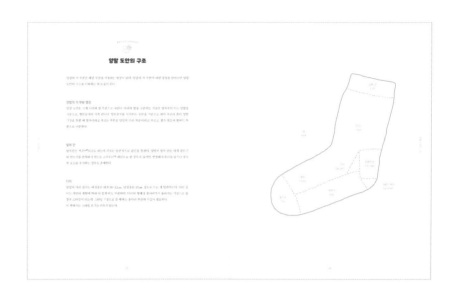

POINT 2

뜨고자 하는 도안을 선택하고 뜨개
하기 전 필요한 준비물과 게이지를
확인하세요.

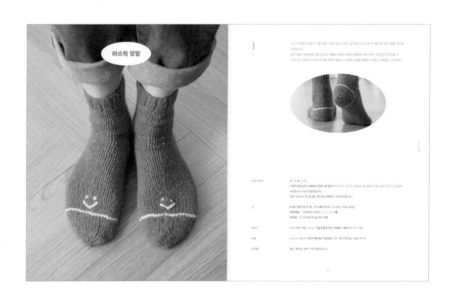

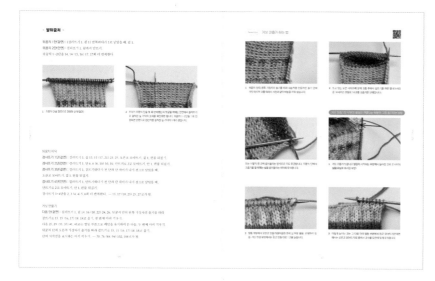

POINT 3

사진을 참고하여 도안을 따라 양말을 뜹니다.
어려운 내용은 QR 코드를 통해 영상으로 확인할 수 있어요.

POINT 4

차트를 참고하여 도안을 따라 양말을 뜹니다.
차트에 포함된 설명을 숙지하세요.

Chapter 1

양말 뜨기 준비

양말 도안의 구조

양말의 각 부분은 해당 부분을 지칭하는 명칭이 있다. 양말의 각 부분에 대한 명칭을 알아두면 양말 도안의 구조를 이해하는 데 도움이 된다.

양말의 각 부분 명칭
양말 도안은 크게 다리와 발 부분으로 나뉜다. 다리와 발을 구분하는 기준은 발목부터 뜨는 양말을 기준으로, 발뒤꿈치의 시작 단이다. 발뒤꿈치를 시작하는 부분을 기준으로 해서 우리가 흔히 양말 기장을 뜻할 때 발목이라고 부르는 부분을 양말의 다리 부분이라고 부르고, 발은 발등과 발바닥 부분으로 구분한다.

발목 단
발목단은 커프^{cuff}라고도 하는데 커프는 일반적으로 끝단을 뜻한다. 양말의 발목 단은 대개 겉뜨기와 안뜨기를 반복해서 만드는 고무무늬^{rib} 패턴으로 된 경우가 많지만, 변형해서 무늬를 넣거나 장식적 요소를 추가하는 경우도 존재한다.

다리
양말의 다리 길이는 여성용은 대개 10~12cm, 남성용은 15cm 정도로 뜨는 게 일반적이다. 다리 길이는 개인의 취향에 따라 더 길게 떠도 무관하다. 다리의 형태상 종아리까지 올라가는 기장으로 뜰 경우 스타킹이 되는데, 스타킹 기장으로 뜰 때에는 종아리 부분의 시접이 필요하다.
이 책에서는 스타킹 뜨기는 다루지 않는다.

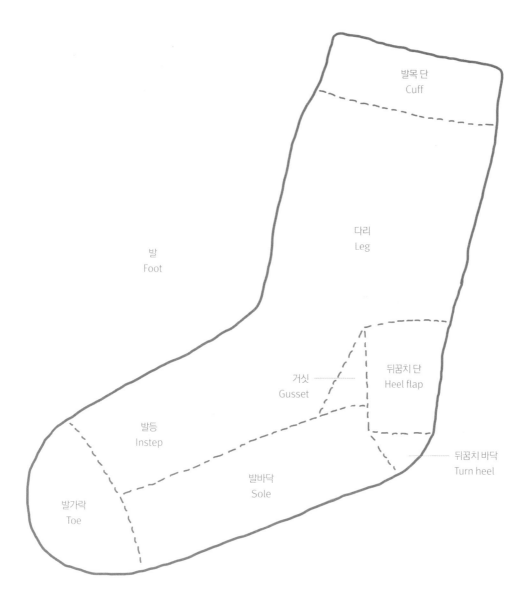

발목 단
Cuff

다리
Leg

발
Foot

뒤꿈치 단
Heel flap

거싯
Gusset

발등
Instep

발바닥
Sole

뒤꿈치 바닥
Turn heel

발가락
Toe

뒤꿈치

뒤꿈치는 곡률이 높은 신체 부위로, 양말의 뒤꿈치 부분은 양말의 다리와 발 부분을 잘 연결해주면서도 발뒤꿈치를 잘 감싸주는 형태가 되어야 한다. 양말의 뒤꿈치 형태에는 매우 다양한 방식이 존재한다.

뒤꿈치 단(힐플랩)을 이용한 뒤꿈치 만들기

일반적으로 가장 많이 사용되는 기법으로 뒤꿈치 단과 뒤꿈치 바닥, 거싯으로 구성된 디자인이다. 뒤꿈치 단(힐플랩Heel flap) 방식으로 양말의 뒤꿈치를 만들 때에는 평면으로 뒤꿈치 단을 곧게 만든다. 평면의 직사각형 형태의 단(의류 용어로 이러한 단을 flap이라고 부른다)을 뜬 후에 뒤꿈치 바닥을 만든다. 뒤꿈치 바닥은 턴힐Turn heel 또는 힐턴heel turn이라고 부르며 경사뜨기를 통해 발뒤꿈치의 둥근 형태를 구현한다. 뒤꿈치 단과 뒤꿈치 바닥을 만드는 형태는 다양하게 존재한다. 그중 일부를 이 책에서 다룰 예정이다.

양말의 뒤꿈치를 뒤꿈치 단 방식으로 만들면 발바닥 부분의 콧수가 발등보다 많아지게 된다. 때문에 거싯이라고 부르는 삼각형 모양의 시접이 나타난다. 거싯은 의류 용어로 이 부분이 발등의 높이 부분에 맞게 편물에 여유분을 만들어서 양말의 착용감을 좋게 만든다. 거싯이 있으면 양말의 다리나 발 부분을 발에 딱 맞게 만들어도 착용감이 좋기 때문에 일반적으로 이 방식의 뒤꿈치 만들기가 가장 많이 사용된다.

경사뜨기short-row를 이용한 뒤꿈치 만들기

발뒤꿈치를 경사뜨기를 이용해서 만드는 경우도 많다. 경사뜨기는 단을 완전히 뜨지 않은 상태에서 편물의 방향을 바꾸거나 단의 높이를 조정할 필요가 있을 때 사용되는 뜨개 기법이다. 일서에서는 되돌아뜨기라고 표현하기도 한다.

경사뜨기의 방식은 다양해서 어떤 기법을 적용하느냐에 따라 랩앤턴wrap & turn 방식으로 경사뜨기를 해서 만드는 뒤꿈치, 독일식 경사뜨기german short-row를 이용한 뒤꿈치 만들기, 일본식 경사뜨기 shadow short-row 방식의 경사뜨기 등으로 구분된다. 각각의 방식은 경사뜨기로 만들어지는 단 차이를 어떻게 처리하느냐에 따라 차이가 있다. 각 기법에 따라 경사뜨기로 만들어진 코 모양도 조금씩 다르다.

경사뜨기로 뒤꿈치를 만들면 뒤꿈치 단 방식으로 뒤꿈치를 만들 때보다 뒤꿈치의 높이가 낮아진다. 또한 거싯이 만들어지지 않아서 발등 높이에 따른 여유분이 생기지 않는다. 그래서 경사뜨기로 발뒤꿈치를 만들 때에는 양말의 폭 자체에 시접을 추가해서 약간 여유 있는 착용감의 양말을 만든 후, 발뒤꿈치를 경사뜨기로 적용하는 경우가 많다.

발등 높이에 따른 여유분이 없는 점을 보완하기 위해 경사뜨기에 미니거싯을 만들어 여유분을 만들거나 경사뜨기를 3단계로 나누어서 토마토 힐이라는 방식으로 뒤꿈치를 만들기도 한다.

그 외 뒤꿈치 만드는 다양한 방법

이 외에도 뒤꿈치를 만드는 다양한 기법들이 존재한다. 발뒤꿈치를 풀어내는 코 방식으로 만든 후에 나중에 이 부분에서 코줍기를 해서 뜨는 After-thought 방식(러스틱 양말에 적용된 방식)도 있고, 웨지wedge 형태로 만들어서 발뒤꿈치를 경사뜨기 형태로 만드는 변형된 방식(컵케이크 양말 도안에 적용된 방식)도 있다. 이 외에도 리니어 방식으로 점진적으로 거싯 코를 늘린 후, 다시 경사뜨기로 줄이는 방식 등 발뒤꿈치를 만드는 방식은 다양하다.

이 책은 다양한 양말뜨기의 기법을 소개하는 측면도 반영하고 있어서, 뒤꿈치를 만드는 기법들을 가능한한 다양하게 접할 수 있도록 도안을 구성했다. 수록된 도안들을 통해 다양한 뒤꿈치 만들기 기법들이 어떻게 활용되는지 자연스레 익힐 수 있을 것이다.

발

양말의 발 부분은 발등instep과 발바닥sole으로 구분된다. 발등에는 다리 부분의 무늬가 이어지는 경우가 많고 발바닥은 대개 메리야스 뜨기로 뜨는 경우가 많다. 디자인에 따라 발바닥에도 간단한 패턴을 적용하는 경우도 있지만 대개는 양말의 발바닥 부분에는 체중이 실리기 때문에 입체적인 무늬를 적용하면 발에 무늬가 배겨서 착용시 불편을 느낄 수 있기 때문이다.

발가락

발가락toe 부분은 양말의 폭이 줄어드는 부분이다. 발끝을 마무리할 때에는 코를 1/2단 기준으로 양끝 쪽에서 점차적으로 줄이다가 일부의 코를 많이 남겨서 키치너 스티치를 이용해 직선으로 꿰매서 마무리하는 와이드 토wide toe 방식으로 모양을 만들기도 하고, 코를 8등분 또는 12등분으로 나눈 후에 점진적으로 코를 줄여서 8코 또는 12코가 남은 상태에서 남아 있는 코에 실을 통과해 편물을 오므리는 라운드 토round toe 방식으로 마무리하기도 한다.

둥근 형태의 라운드 토 방식이 적용된 러스틱 양말(사진 왼쪽), 양 끝 단에서 코를 일정하게 줄이거나 늘려서 직선의 시접을 만들어 마무리하는 와이드 토 방식이 적용된 오디너리 데이(사진 가운데), 변형된 방식으로 둥근 토 형태를 만들어 남아 있는 코에 실을 통과시켜 잡아당기는 방식으로 만드는 포인티드 토pointed-toe 방식의 데이지 양말(사진 오른쪽).

양말을 뜨는 방향

양말 뜨기의 시작점을 어느 부분으로 할지에 따라 크게 커프다운 방식과 토업 방식으로 나뉜다.

톱/커프다운Top/Cuff down (발목부터 떠서 발가락 쪽에서 끝나는 양말)

커프다운 방식은 발목단 부터 시작해 발가락 쪽으로 뜨는 방식이다. 요즘에는 톱다운top/cuff down 방식 양말 뜨기라고 부르기도 한다. 이 방식으로 양말을 뜰 경우 커프 부분의 신축성을 확보하기 위해 신축성 있는 코잡기를 해서 코를 만들게 된다. 커프다운 양말은 발뒤꿈치 디자인 선택의 폭이 넓고 양말의 발 길이 조정이 토업 방식에 비해 용이하다는 장점이 있다.

토업Toe up

토업 방식은 발가락 부분에서 코를 만들어서 발목 쪽으로 떠서 올라가는 방식의 양말 뜨기를 뜻한다. 토업으로 양말을 뜰 때에는 지역에 따라 약간씩 차이는 있지만 양쪽으로 코를 만드는 방식으로 시작하는 경우가 일반적이다. 토업으로 뜨면 양말의 발가락 끝을 꿰매는 부분을 생략할 수 있기 때문에 키치너 스티치에 대해 부담을 느낀다면 토업 방식으로 뜨는 것도 대안이 될 수 있다.

커프다운 방식인지 토업 방식인지에 따라 더 뜨기 편한 발뒤꿈치 기법이 있지만, 뜨는 방향을 바꾸는 게 아주 어려운 것은 아니다. 양말 도안의 구조에 대해 이해하고 나면 각자 선호하는 방식으로 양말을 뜨는 방향을 바꾸고 그 방향에 맞도록 뒤꿈치 디자인을 일부 수정하는 것도 가능하다.

게이지

뜨개에서 게이지Gauge는 일정 단위 면적 안에 포함된 콧수와 단수를 뜻한다. 쉽게 편물의 밀도라고 생각하면 된다. 게이지는 스티치가 얼마나 촘촘한지를 뜻한다.

뜨개 게이지는 절대적인 것이 아니라 뜨려고 하는 프로젝트에 따라 그에 맞는 적정 게이지가 달라진다. 스웨터, 숄, 양말, 장갑, 목도리, 인형 등 뜨려고 하는 게 무엇인가에 따라 어떤 게이지로 뜰지가 달라진다.

무늬에 따라서도 적정 게이지가 달라진다. 무늬의 특성에 따라 레이스 무늬인지, 아란 무늬인지, 브리오시 무늬인지 등에 따라 같은 굵기의 실이라도 사용하는 대바늘 굵기가 다를 수 있다. 메리야스 뜨기의 게이지를 기준으로 볼 때, 레이스 무늬는 좀 더 느슨하게 뜨고 아란무늬는 좀 더 촘촘하게 떠서 꽈배기 무늬가 도드라지게 한다. 브리오시 뜨기의 경우 브리오시 패턴에 따라 사용하는 대바늘의 굵기를 줄이기도 하고 한 사이즈 더 크게 해서 뜨기도 한다.

양말은 매우 촘촘하게 뜨는 프로젝트 중에 하나이다. 만약 목도리나 스웨터를 뜨는 게이지로 느슨하게 양말 편물을 만든다면, 내구성이 현저하게 떨어지게 된다.

대개 양말 게이지는 메리야스 뜨기가 기준인 경우가 많다. 메리야스 뜨기는 편물을 만드는 무늬 중한 가지로, 겉면에서는 겉뜨기를 하고 안면에서는 안뜨기를 한다. 메리야스 편물을 뜻하는 스토키네트stockinette stitch의 어원이 무릎까지 오는 양말인 스타킹 뜨기stocking knitting에서 나왔다고 하니, 양말 뜨기의 기본은 메리야스 뜨기라고 보아도 무방할 것 같다.

양말의 게이지는 메리야스 뜨기를 기준으로 핑거링 굵기의 양말실로 2.5cm(=1인치) 당 7~9코, 10~12단인 경우가 많다. 이를 10cm로 환산하면 가로 게이지는 약 28~36코, 세로 게이지는 약 37~48단 사이가 된다. 4mm 바늘로 뜨는 스웨터의 게이지가 대개 메리야스 뜨기를 기준으로 사방 10cm 당 19코 24단인 경우가 많다는 점을 감안하면 양말은 아주 촘촘하게 뜬다는 것을 알 수 있다. 양말 뜨기의 게이지를 메리야스 뜨기를 기준으로 사방 10cm로 환산하면 약 32코 42단이 되도록 뜨는 것이 된다.

게이지 확인을 위한 스와치 뜨는 법

일반적으로 스와치는 기준이 되는 무늬를 가로 10cm 이상이 되도록 코를 잡아서 세로로 10cm 이상이 되도록 떠서 만든다. 그런 다음에 편물의 중앙 부분에서 단위면적당 콧수와 단수를 세는 방식으로 게이지를 확인한다.

원통뜨기의 경우 원통으로 게이지를 내는 게 보다 정확하다고 볼 수도 있다. 하지만 통계적으로 원통뜨기와 평면뜨기의 게이지 차이가 크지 않은 경우가 많고, 양말처럼 촘촘하게 뜨는 경우에는 겉뜨기와 안뜨기의 게이지 차이가 크게 나지 않는 경향이 있으니 평면뜨기로 게이지를 내서 확인해도 괜찮다.

원통뜨기로 메리야스 게이지 확인하는 법

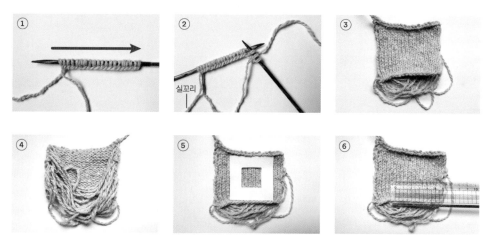

1   코 잡은 단의 길이가 10cm 이상이 되도록 코를 만듭니다(코 만드는 법은 크게 상관없습니다). 이 스와치의 경우 일반적인 코잡기Long-tail CO방식으로 코를 만들었습니다.

2   코를 바늘의 반대편으로 옮긴 후, 실 꼬리를 10cm 이상 남긴 상태에서 겉뜨기를 1단 진행합니다. 이 과정을 편물의 세로 길이가 10cm 이상이 될 때까지 반복합니다.

3   2를 반복해서 편물의 길이가 충분히 되면, 코막음을 해서 세탁을 한 후 건조시킵니다.

4   원통뜨기로 스와치를 만들었기 때문에 편물의 뒷면에는 이렇게 늘어진 실이 생기는 게 정상입니다. 간혹 이 실을 잘라서 스와치를 평면으로 만들기도 하지만, 저는 실 길이를 충분히 남겨서 실을 자르지 않는 것을 더 선호합니다

5   스와치의 중앙 부분의 서로 다른 부분에서 게이지 자 또는 일반 자를 이용해서 2.5cm당 콧수와 단수를 5회 이상 체크한 후에 평균 수치를 냅니다.

6   스와치를 크게 만들어서 10cm 단위로 콧수와 단수를 측정하면 더 정확한 게이지를 얻을 수 있습니다.

나의 경우에는 게이지를 따로 내서 스와치를 만들기보다는 실제 양말 도안대로 약 12단 또는 4cm 이상 떠보고 나서, 게이지를 2.5cm 단위로 확인한 다음, 게이지가 맞으면 계속 진행하고 맞지 않으면 풀고 다시 뜨는 방식으로 뜬다. 뜨기 전에 스와치를 만들어서 게이지를 확인해도 실제로 뜨다보면 게이지가 변하는 경우가 종종 생겨서 차라리 실전처럼 떠보며 게이지를 확인하는 쪽으로 방법을 바꾸었다(주의 : 이 방식은 양말 뜨기에만 적용되는 방식으로 스웨터 등의 의류를 뜰 때에는 반드시 스와치를 떠서 게이지를 확인해야 한다).

나와 같은 방식으로 시험뜨기 없이 게이지를 확인할 경우, 뜨다가 게이지에 맞게 뜨개바늘을 바꾸는 요령은 다음과 같다.

기준 게이지보다 느슨하게 떠질 경우
뜨던 편물을 풀고 대바늘 사이즈를 한 사이즈 작게(0.25mm단위로 조절) 뜨거나 실을 보다 굵은 실로 변경.

기준 게이지보다 짱짱하게 떠질 경우
뜨던 편물을 풀고 대바늘 사이즈를 한 사이즈 크게(0.25mm단위로 조절) 뜨거나 도안의 사이즈를 한 사이즈 업해서 뜨기.

손뜨개는 사람의 손으로 뜨기 때문에 기계처럼 일정한 게이지를 유지하는 게 쉽지 않다. 간혹 뜨면서도 게이지가 바뀌는 경우가 종종 생긴다. 그렇다고 해도 뜨기 전에 게이지를 확인하고 뜨는 게 더 안전한 게 맞다. 하지만 양말의 경우에는 내 경험적으로는 소폭의 메리야스 게이지를 내는 것보다는 몇 단을 그냥 도안대로 떠보는 게 더 정확한 게이지를 확인하는 데 도움이 되었다.

도안 게이지를 맞추는 방법

게이지를 확인할 때에는 도안에서 권장하는 실 굵기와 뜨개 바늘 사이즈를 모두 맞춰주는 것이 좋다. 만약 도안에서 권장하는 것보다 가는 실을 굵은 바늘을 사용해 게이지를 맞출 경우, 편물이 느슨해져서 사이즈가 커지거나, 완성한 후에 세탁을 하고 나면 느슨한 편물이 줄어들어서 사이즈가 작아지는 현상이 나타난다. 도안에서 권장하는 것보다 굵은 실을 이용해 가는 대바늘을 사용해서 게이지를 맞추게 되면, 편물이 딱딱해지고 두께감이 생긴다. 게이지를 억지로 맞추는 것보다는 도안에서 권장하는 실과 동일한 굵기로 된 유사한 섬유조성율의 실을 사용해 게이지를 맞추는 것을 추천한다.

양말 도안의 경우 일반적으로 세탁 후 가볍게 블로킹한 상태가 기준인 경우가 많다. 양말실은 세탁 전에는 빳빳하고 거친 느낌이 들지만 세탁 후에는 부드러워져서 게이지가 미묘하게 변하는 경우가 종종 생긴다. 스와치를 떠서 게이지를 확인할 때에는 세탁 후, 가볍게 모양을 잡아준 후에 완전히 건조한 상태에서 체크하도록 한다.

손뜨개는 손으로 떠서 완성한 후에 직접 착용하는 과정에서 그 진가가 드러난다고 생각한다. 적당한 실과 대바늘로 마음에 드는 도안을 이용해 직접 떠보는 게 가장 많이 배우는 지름길이다. 뜨개는 시간과 노력이 필요한 작업이다. 연습용 실로 연습을 하는 것보다는 정말 뜨고 싶은 양말을 뜨고 싶은 실로 바로 뜨는 것을 더 추천한다.

손뜨개 양말은 직접 신어보아야 그 진가를 알 수 있다. 신어볼 수 없는 양말을 샘플로 떠보기보다는 본인 사이즈로 떠서 직접 신어보기를 권한다. 막상 떠보면, 생각보다 양말 뜨기가 어렵지 않다는 점과 기대 이상으로 훌륭한 착용감에 손뜨개 양말에 반하게 될 것이라고 믿는다.

자꾸자꾸 양말이 뜨고 싶어질 것이다.

양말을 뜨는 실

양말을 뜨는 실을 일반적으로 양말실이라고 부른다. 어떤 실을 양말실이라고 하는지 알아보기 위해 주로 어떤 실로 양말을 뜨는지 살펴보도록 하자.

전 세계적인 온라인 뜨개 커뮤니티인 ravelry.com은 유/무료의 손뜨개 패턴이 가장 많이 등록된 사이트이기도 하다. ravelry의 패턴 리스트에서 양말을 검색해보면, 실 굵기별로 등록된 패턴을 볼 수 있는데, 전체 양말 도안의 약 2/3가 핑거링 굵기^{fingering weight yarn}의 실로 뜨는 도안이라는 점을 확인할 수 있다.

핑거링 굵기는 영미권에서 실 굵기를 표시하는 용어로, 합사한 실의 가닥 수로 실의 굵기를 표현하는 ply(플라이)의 비일관성을 대체하기 위해 만들어진 구분 방식이다.

이 기준에서는 실 굵기를

Lace - Light Fingering - Fingering - Sport - Dk - Worsted - Aran - Bulky - Super Bulky

로 구분하고, 왼쪽에서 오른쪽으로 갈수록 실이 더 굵어진다.

핑거링은 표준 실 굵기로 분류된 방식으로, 사방 10cm 당 메리야스 뜨기 기준으로 게이지가 27~32 코 정도가 되는 가는 실을 뜻한다. 대개 해외에서 생산되는 실들은 띠지에 제공되는 실 정보사항에 실 굵기를 표기하는데, 띠지에 Fingering이라고 표시된 실이 핑거링 굵기에 해당된다. 대개 원사 4 겹이 합사된 경우가 많아서 4ply라고 표기되기도 한다. 원사가 합사된^{piled} 상태가 아닌 한가닥의 원사를 핑거링 굵기로 가공하는 경우도 있는데 이 경우 싱글 플라이^{single ply}라고 한다. 핑거링 굵기의 실 단면은 약 1mm 정도로, 100g 당 400m 내외의 가는 실이 이에 해당된다.

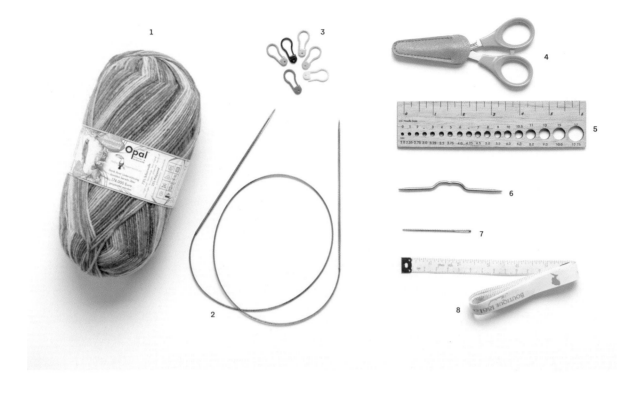

1 실

양말을 뜰 실을 준비합니다. 양말실이어도 좋고 아니어도 괜찮습니다. 자
세한 내용은 '양말을 뜨는 실' 부분을 참고합니다.

2 대바늘

대바늘은 줄바늘 혹은 장갑바늘을 준비합니다. 이 책에서는 줄바늘을 사
용해 매직루프로 양말을 떠 나갑니다. 자세한 내용은 '양말을 뜨기 위한
대바늘'을 참고합니다.

3 스티치 마커

콧수를 확인하고 편물의 특정 부분을 표시하기 위한 용도로 사용됩니다.
마커로 위치를 표시하면 매번 콧수를 확인하는 수고를 덜 수 있고 도안에
서 지시된 내용이 어느 부분인지 확인하는 데 도움이 됩니다.

4 가위

실을 자르기 위한 가위입니다.

5 대바늘 사이즈 확인 자

대바늘 사이즈를 확인할 수 있도록 구멍이 뚫린 자 입니다. 필수로 갖추어
야 하는 것은 아닙니다.

6 꽈배기 바늘

꽈배기 바늘 혹은 케이블 바늘이라고 합니다. 꽈배기 무늬를 뜰 때 코를
옮겨두는 용도로 사용합니다. 이 책에서는 꽈배기 바늘 없이 무늬를 만드
는 방법도 소개하고 있습니다.

7 돗바늘

끝이 뭉뚝하고 바늘귀가 큰 바늘로, 실을 정리할 때 주로 사용합니다. 이
책에서는 키치너 스티치, 신축성 있는 코막음, 실을 통과시킨 후 잡아당겨
마무리할 때 돗바늘을 사용합니다. 꽈배기 바늘 대용으로 돗바늘을 사용
해도 됩니다.

8 줄자

사이즈를 측정하기 위한 자입니다. 어떤 형태의 자도 괜찮습니다. 의류 뜨
기를 한다면 줄자를 갖추고 있으면 좋습니다.

핑거링 굵기의 실과 양말실의 차이

간혹 핑거링 굵기의 실과 양말실sock yarn을 구분하는 경우도 있다. 4ply 굵기의 실과 양말실을 구분하는 기준은 실의 성분(섬유 조성률)이다.

오늘날 양말실은 울 또는 슈퍼워시(물세탁이 가능하게 가공하는 방식을 뜻함)처리가 된 울과 나일론(폴리아미드: 나일론 계열의 신소재로 마찰에 강한 특성이 있음)이 75:25의 비율로 혼방된 실을 핑거링 굵기의 실을 지칭하는 경우가 많다. 울과 나일론(폴리아미드)의 혼방 비율은 실 제조사에 따라서 약간씩 차이가 있는데, 80:20 비율로 혼방된 경우도 있고 90:10 비율로 울의 함량이 더 높게 혼방된 양말실도 있다. 양말실에 나일론이나 폴리아미드가 혼방되는 이유는 양말의 특성상 마찰에 많이 노출되는 점을 감안해 울의 내구성을 나일론(폴리아미드)으로 보완하기 위해서이다.

울은 탄성이 우수하며 흡습성이 높아 땀을 잘 흡수하고 함기율(공기를 포함할 수 있는 비율)이 높아 보온성이 있다. 나일론은 강도가 높아 마찰에 강하면서 벌레나 곰팡이에 강한 특성이 있다. 울과 나일론의 혼방은 이러한 두 섬유의 장점을 이용해 양말의 특성에 맞게 쾌적함을 유지하면서도 편물의 강도와 내구성을 높이는 효과를 낸다. 그래서 대개의 양말실은 울과 나일론 혼방으로 된 경우가 많다.

양말실은 오팔사(社)나 샤켄마이어사(社)의 레기아와 같은 독일 실이 대표적입니다. 그 외에도 해외의 실 제조사들은 다양한 핑거링 굵기의 양말실을 생산합니다. 사진은 오팔 단색 4ply 양말실과 Regenwald 라인의 양말실.

양말 보강실에 대하여

양말을 신는 상황을 감안하면 마찰 강도가 높을수록 좋아서 간혹 발가락이나 발뒤꿈치에 보강실(나일론과 면이 70:30 또는 80:20으로 혼방된 실 또는 폴리에스테르 성분이 많이 포함된 재봉실/퀼트실)을 합사하기도 한다는 이야기가 있다. 나는 양말 뜨개를 10년 이상 해오면서 해외의 양말 뜨개책이나 해외 니터들의 작품을 보고, 해외의 로컬 뜨개실 가게 등을 방문하며 이 사실을 확인해보려고 노력해왔는데 실제로 보강실을 넣어서 뜨는 경우는 거의 보지 못하였고, 나도 그렇게 떠보질 않아서 이 방식이 오늘날에도 일반적으로 사용되는 방식인지는 불확실하다.

장목 양말이나 스타킹을 뜰 때에 발목단이 느슨하거나 신축성이 떨어져 양말이 흘러내리는 것을 방지하기 위해 폴리우레탄이나 실리콘 고무줄과 같은 신축성 있는 가는 실을 합사해서 한 두 단 함께 뜨는 경우는 종종 있다.

양말실이 아니면 양말을 뜰 수 없을까?

울과 나일론이 혼방된 핑거링 굵기의 양말실이 아니라고 해서 양말을 뜰 수 없는 건 아니다. 나일론이나 폴리아미드가 혼방되지 않은 울실을 사용해서 양말을 뜬다면, 양말실로 떴을 때보다 내구성이 다소 떨어진다든가, 세탁 후에 펠팅이 되는 등의 문제가 생길 가능성이 있다. 일부에서는 내구성이 있는 양말을 뜨려면 반드시 울에 나일론(또는 폴리아미드)이 혼방된 실로 떠야한다고 주장하지만 나는 그런 필요성을 느끼지 않는다. 나일론(폴리아미드)이 개발되기 전에도 양말 뜨기는 존재했고 그 당시에는 울 100%의 실을 더 많이 사용했기 때문이다. 실제 북유럽의 수공예박물관에서 소장 중인 과거의 뜨개 양말 작품들은 대부분 울 100%인 실로 짠 경우가 많으며 내구성을 높이기 위해서 단단하게 연사된 경우가 많다고 한다.

나는 내구성을 높이기 위한 니터들의 지혜는 양말 뜨기의 기법 안에 이미 녹아 있다고 생각한다. 울실로 뜨는 양말의 내구성이 떨어진다면, 내구성을 높이기 위한 방법을 찾으면 된다. 울실이나 면실로 양말을 뜬 전통을 가지고 있는 스코틀랜드나 북유럽의 박물관에 보존된 작품들을 보면 과거의 니터들이 어떻게 나일론 없이도 편물의 강도 문제를 해결했는지를 알 수 있다. 내가 찾아낸 방법 중 하나는 촘촘한 게이지를 통해 하이 게이지의 밀도 있는 편물을 만들어 편물 자체의 내구성을 높이는 방식이다. 이렇게 하면 마찰에 의한 양말의 마모를 어느 정도 보완할 수 있다.

나는 이 부분을 확인하기 위해 양말실이 아닌 실로 양말 뜨기를 수년간 시도해왔다. 울 100%인 실로도 양말을 떠보고, 모헤어실로도 양말을 떠보고 아크릴 혼방율이 높은 실로도 양말을 떠보았다. 직접 떠서 신어보면서 무엇이 좋은지 테스트하는 것이 가장 확실한 방법이라고 생각했기 때문이다. 10년 넘게 양말을 떠면서 울 100%인 실이어도 촘촘한 게이지로 양말을 뜬다면, 내구성에 큰 문제가 생기지 않는다는 것을 확인했다(양말뜨기가 대중적인 독일이나 북유럽에서는 울100%인 실로도 양말을 뜨는 경우가 많다. 아크릴이나 폴리에스테르와 같은 합성섬유 조성으로 양말을 뜨는 경우가 드물다). 재미있는 것은 내가 촘촘하게 떴다고 생각한 게이지가 대개의 양말 도안들이 사용하는 게이지였다는 점이다.

울이 아닌 실을 사용해서 양말을 뜨는 건 어떨까?

아크릴이 많이 혼방된 실 또는 베이비용 실이라고 판매되고 있는 부드러운 촉감의 폴리에스테르 100%인 실로 양말을 뜨는 경우가 있다. 아크릴 함량이 섬유조성률의 절반 이상을 차지하거나 폴리 100%인 실로 양말을 뜨는 것은 추천하지 않는다. 손뜨개 양말의 장점은 울의 흡습성과 항균성을 이용해 양말을 신었을 때 쾌적함을 유지하면서도 발을 따뜻하게 할 수 있다는 점이라고 생각한다. 아크릴이나 폴리에스테르는 울을 대체하는 합성소재지만 울과 달리 흡습성이 낮다. 따라서 아크릴이나 폴리에스테르의 함량이 높은 실로 양말을 뜨면 땀이 흡수되지 않아서 양말을 신었을 때 발의 쾌적함을 유지하기 어렵다. 아크릴은 섬유특성상 보풀이 많이 생긴다는 특징이 있어서 아크릴을 섬유소재로 사용할 경우 보풀 문제를 해결하기 위해 안티필링 처리를 하는 경우가 많다고 한다. 또한 아크릴은 섬유 자체가 매끈해서 양말로 떴을 때 더 미끄러울 수 있고, 정전기가 생긴다는 단점도 있다. 따라서 아크릴이나 폴리에스테르의 함량의 높은 실로 양말을 뜨는 것은 추천하지 않는다. 아크릴실이나 폴리에스테르 실로는 양말이 아닌 다른 작품을 뜨는 것을 더 추천한다.

양말 뜨기 초보에게 추천하는 실

처음 양말 뜨기를 시작한다면 가급적 핑거링 굵기의 양말실을 사용하는 것이 좋다. 핑거링 굵기의 울 100% 실을 사용하는 것도 괜찮다. 만약 핑거링 굵기의 가는 실로 뜨는 게 부담스럽다면 그보다 한 단계 굵은 스포트(sport, 5ply)나 DK(7~8ply) 굵기의 울 100% 실이나 울 함량이 높은 실 (80~90%)을 사용하는 것을 추천한다.

이 책에서 사용된 뜨개실들

국내에서 손쉽게 구입 가능한 실 중 양말 뜨기에 적합하다고 생각하는 실들을 엄선해서 사용했습니다. 3p(Light Fingering) 굵기의 실부터 8p(DK) 굵기의 실까지 다양한 굵기와 소재의 실을 사용해 양말 뜨기가 가능합니다.

울 계열의 다른 섬유가 혼방된 실로 양말뜨기

앙고라나 모헤어 등의 소재가 혼방된 실을 사용할 경우, 실의 꼬임이 울 실만큼 강하지 않을 수 있다는 점을 감안해야 한다. 내 경험에 의하면, 세탁을 반복할수록 복원력이나 신축성이 떨어져서 양말이 점점 늘어날 가능성이 높아진다. 따라서 앙고라나 모헤어 등 울 계열의 다른 섬유가 혼방된 실로 양말을 뜰 경우 게이지나 패턴 선택에 유의해야 할 점이 많다. 초보자에게는 추천하지 않는다.

면사로 양말뜨기

면사로도 양말을 뜰 수 있다. 여름용 양말이나 간절기용 양말을 면사로 뜨는 경우가 종종 있다. 단, 실 선택에 주의를 해야 한다. 핑거링 굵기의 가는 면사들은 대개 코바늘 뜨개용으로 가공되어 나온 경우가 많아서 대바늘로 뜨기에 적합하지 않을 수 있다. 코바늘용으로 가공된 실을 이용해 대바늘 양말을 뜨면 신축성이 떨어지고 편물이 딱딱해질 가능성이 높다. 면사의 경우 섬유 자체의 탄성이 울 소재의 실만큼 높지 않아서 세탁 후 복원력이 울 실보다 떨어진다.

대바늘로 뜨기 좋도록 가공된 적당한 면사와 게이지, 무늬 패턴의 특성을 이용해 면사의 단점을 보완한다면, 면사로도 양말 뜨기가 가능하다. 이 3박자를 잘 갖추지 않은 경우에는 면사로 완성한 뜨개 양말의 만족도가 떨어질 수 있다는 점을 감안해야 한다.

나는 울실을 사용하지 않는 비건 니터들에게 면사로 뜰 수 있는 양말 도안에 대한 요청을 꾸준히 받아왔다. 면사로 양말 뜨기는 나의 오랜 프로젝트로, 나는 양말뜨기에 적합한 면사를 찾아서 탄성이 부족한 면사의 단점을 무늬 패턴으로 보완하는 방식으로 면사로 양말 뜨기가 가능하다는 것을 확인했다. 이 책에 실린 면사로 뜨는 레이스 양말인 블로썸 양말과 물방울 덧신은 울 실을 사용하지 않는 비건 니터들도 양말뜨기를 즐길 수 있기를 바라는 마음에서 수록하였다.

가는 실로 양말 뜨기가 부담스러워요. 굵은 실로는 못 뜨나요?

핑거링 굵기의 실이 아니어도 양말을 뜰 수 있다. 핑거링보다 더 굵은 실로 양말을 뜰 경우 게이지가 변하기 때문에 양말을 뜨기 위한 전체 콧수가 줄어든다. 굵은 실로 양말을 뜨면 가는 실로 뜨는 부담 감을 덜 수 있고 양말 한 켤레를 빨리 뜰 수 있다는 장점이 있다. 하지만 전체 콧수가 줄어드는 만큼 표현할 수 있는 무늬의 섬세함이 떨어지고 실이 굵어진 만큼 편물에 두께감이 생기면서 신었을 때 다소 투박하다는 느낌이 들 수 있다.

무늬의 특성이나 표현하고 싶은 무늬에 따라 양말실보다 굵은 실을 사용하는 경우도 있다. 양말실 보다 굵은 5~8ply 굵기의 실은 다양한 실 제조사에서 생산하고 있어서 선택의 폭이 넓고 쉽게 구입 이 가능해 접근성이 좋다는 장점이 있기 때문이다.

나는 다양한 관점에서 다양한 방식으로 양말 뜨기를 시도하는 것을 좋아해서 양말실보다 굵은 울 실을 이용해서 양말 도안 작업을 하기도 했다. 그 결과 양말 뜨기의 기본적인 특성과 기법을 잘 이해 해서 적용할 수 있다면, 양말실보다 굵은 실을 사용해서도 멋진 양말을 뜰 수 있다는 것을 확인했다. 나는 양말 뜨기의 기법들이 오랜 시간을 거쳐 변형되고 개선되어서 오늘날의 형태를 이룬 것처럼, 전통적인 방식을 성실하게 익히면서도 새로운 시도를 통해 또 다른 가능성을 여는 것이 오늘을 사 는 니터들의 역할이라고 믿는다.

이 책에 수록된 러스틱 양말, 마카롱, 리버티 양말 도안을 통해서 굵은 실로도 예쁘게 양말을 뜨는 법을 익힐 수 있을 것이다.

양말을 뜨기 위한 대바늘

양말을 뜨기 위한 대바늘이 따로 존재하는 것은 아니다. 일반적으로 양말은 원통뜨기로 뜨기 때문에 양쪽 끝이 뾰족한 장갑바늘(DPNs : Double pointed needles의 줄임 표현)을 이용해 원통뜨기를 하거나 80cm 이상의 줄바늘^{circular needle}을 이용해 매직루프 방식으로 원통뜨기를 한다. 이 두 가지가 전통적으로 가장 많이 사용되는 양말을 뜨는 대바늘이다.

장갑바늘을 이용해서 원통뜨기

장갑바늘을 사용할 경우 15cm 길이의 장갑바늘을 추천한다. 20cm 길이의 장갑바늘로 원통뜨기를 하다보면, 양말을 뜨기에는 바늘이 좀 길다는 느낌이 든다. 장갑바늘 3~4개에 코를 고르게 분산시켜서 원통 형태를 만든 후, 나머지 1개의 바늘을 이용해 원통 형태를 유지하며 뜬다. 첫 단에서 단이 꼬이지 않도록 주의한다.

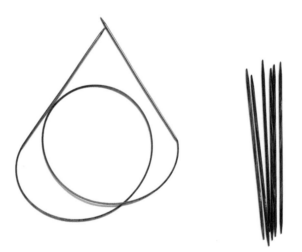

80cm길이의 줄바늘(사진 왼쪽)과 장갑바늘(사진 왼쪽). 각자 선호하는 방식에 맞는 바늘을 사용해서 원통뜨기를 합니다.

줄바늘 1개를 이용해 매직루프 방식으로 원통뜨기

줄바늘을 이용한 매직루프 방식으로 원통뜨기를 할 경우 줄바늘의 길이는 최소 80cm 이상이 되어야 한다. 일반적으로 흔히 사용하는 80cm 줄바늘이 이에 해당한다. 이보다 짧다면, 줄바늘 1개를 이용한 매직루프 원통뜨기를 할 수 없다.

매직루프 원통뜨기는 한단의 코를 절반으로 나눈 후 절반의 코를 바늘과 줄바늘의 중간에 각각 두는 방식으로 1/2단을 나눠서 떠서 1단을 완성하는 방식으로 원통뜨기를 한다.

장갑바늘

장갑바늘의 개수에 맞춰서 3개의 바늘 또는 4개의 장갑바늘에 코를 분산시킨 후 나머지 1개의 바늘로 뜹니다. 코를 바늘 개수에 맞춰서 고르게 분산시키는 경우도 있고, 3개의 장갑바늘로 1:1:1.5의 비율로 나눠서 뜨기도 합니다.

80cm 미만의 줄바늘을 사용할 경우 줄바늘 2개를 이용한 매직루프 방식으로 떠야 한다. 코를 절반으로 나눈 후 2개의 바늘에 나눠 끼운 후, 각각의 바늘에 끼워진 코를 해당 바늘로 뜨는 방식이 줄바늘 2개를 이용한 매직루프 방식이다. 이러한 방식을 응용해 줄바늘을 축소해놓은 것처럼 생긴 짧은 줄바늘 3개로 원통뜨기를 할 수 있도록 만든 대바늘도 있다. 이렇게 해서 뜰 경우, 2개의 바늘에 균일하게 나눠 끼운 코를 3번째 바늘로 뜨는 방식이 된다.

요즘에는 줄바늘의 대바늘 부분의 길이가 짧은 쇼트 팁 바늘(줄바늘의 바늘 부분을 팁tip이라고 하는데, 이 길이가 짧을 경우 쇼트 팁Short tip이라고 부른다)을 이용해서 양말을 뜨는 경우도 있다. 대바늘과 줄을 포함한 길이가 약 8인치/20cm 내외의 짧은 바늘을 원형으로 만들어서 원통 형태를 유지하며 뜨는데 이렇게 생긴 바늘을 일반적인 줄바늘과 구분해서 둘레바늘 또는 진동바늘이라고 부르기도 한다. 쇼트 팁 바늘을 이용해 양말을 뜰 경우, 바늘의 길이가 양말의 둘레보다 길어서 편물을 느슨하게 떠야 원통 뜨기가 가능하다. 발가락 부분과 같이 충분한 둘레가 확보되지 않는 부분에서는 줄바늘이나 장갑바늘로 뜨개바늘을 바꿔서 떠야 한다.

각자의 뜨개 방식에 따라 선호하는 대바늘이 다를 수 있으니 제시된 다양한 양말 바늘을 사용해보고 본인의 뜨개스타일에 맞는 대바늘을 선택해서 뜨면 된다.
나의 경우, 80cm 줄바늘 1개로 하는 매직루프 원통뜨기를 가장 선호한다.

최근에는 쇼트 팁으로 된 8인치 조립식 줄바늘과 변형된 방식의
짧은 줄바늘 3개를 이용해서 원통뜨기를 하기도 합니다.

쇼트 팁 8인치 줄바늘

트리오 바늘

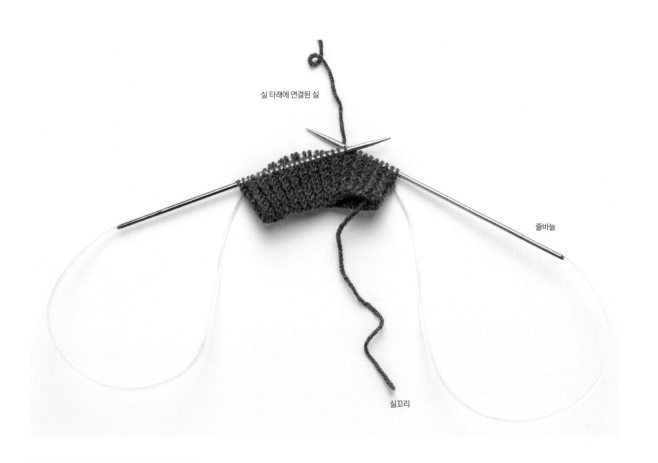

실 타래에 연결된 실

줄바늘

실꼬리

양말 뜨기를 매직루프 방식으로 뜰 때의 사진.
매직루프로 원통뜨기를 할 때에는 줄바늘
구부려서 리본모양(∞) 형태로 유지하며 뜨게
됩니다.

금속 재질의 바늘, 나무 재질의 대바늘

양말을 뜰 때에는 3mm 이하의 대바늘을 사용하는 경우가 많다. 이 사이즈의 대바늘들은 가늘어서 뜨다가 손의 힘으로 인해 부러질 수 있다. 뜨다가 바늘이 부러지는 일을 방지하기 위해 가급적 금속 재질의 바늘을 선택하는 것을 추천한다.

하지만 금속 알러지가 있거나, 손에 땀이 많다거나, 금속 재질의 바늘에서 코가 미끄럽게 이동하는 것에 불편함을 느끼거나, 나무 재질로 된 바늘을 더 선호한다면 나무 재질의 대바늘을 사용해도 크게 문제가 생기는 것은 아니다. 단지 뜨다가 부러질 수 있으니 여분의 바늘을 준비해두는 것이 좋겠다.

어떤 줄바늘이 원통뜨기에 적합할까

줄바늘 1개로 매직루프 방식으로 원통뜨기를 할 경우에는 바늘과 줄의 연결 부위가 매끈하고 줄부분의 탄성이 좋은 게 좋다. 줄바늘의 줄이 너무 딱딱하면, 매직루프 뜨기를 하다가 줄이 꺾여서 줄이 접히거나 꼬이는 경우가 생긴다. 줄바늘의 줄과 바늘이 회전할 수 있도록 만들어진 줄바늘은 매직 루프 원통뜨기를 해도 줄의 꼬임 현상이 나타나지 않아서 이를 선호하는 경우도 있다. 줄바늘의 줄이 너무 힘이 없고 흐물흐물하면 매직루프 원통뜨기를 할 때 코가 잘 이동하지 않아 불편할 수 있다. 뜰 때 바늘에 실이 걸리는 부분 없이 각 부분의 연결이 매끄럽고 탄탄한 줄로 된 줄바늘을 사용하면 뜨개의 능률이 높아진다.

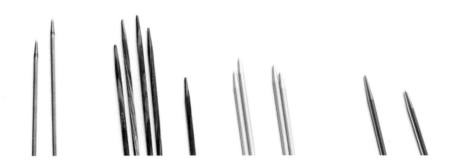

끝이 뾰족한 대바늘 vs 일반 대바늘

바늘 끝부분이 뾰족한 게 더 좋은지 여부는 개인 취향에 따라 달라진다. 더 뾰족한 걸 선호하는 경우도 있고 아닌 경우도 있다.

대바늘 끝이 뭉툭하면 바늘에 실이 잘 걸리지 않아서 뜰 때 불편한 경우가 생긴다. 실 가닥 중간에 대바늘이 들어간다든지 한 코가 온전히 다 떠지지 않을 수 있다. 대바늘 끝이 뾰족하면 바늘에 실이 잘 걸려서 좋지만 뜨개 바늘과 실을 붙잡고 뜨는 뜨개 방식에 따라 뾰족한 바늘 끝이 계속 손가락에 닿아서 손끝이 아플 수도 있다.

대개는 바늘 끝이 뾰족한 브랜드의 바늘이나 상대적으로 바늘 끝이 더 뾰족한 레이스 팁을 선호하는 경우가 더 많다.

양말을 뜨는 바늘 사이즈가 특별히 정해져 있나요?

대바늘 사이즈는 뜨려고 하는 도안의 게이지에 맞게 구입하면 된다.

일반적으로는 핑거링 굵기의 양말실은 2.25mm 또는 2.5mm 대바늘을 사용하는 경우가 많다. 사람에 따라 실을 유지하는 장력이나 게이지에 차이가 있고, 양말실의 굵기도 제조사마다 약간씩 차이가 있어서 시험뜨기를 통해 게이지를 확인한 후에 바늘 사이즈를 조절하는 것이 좋다.

양말 뜨기용으로 대바늘을 준비한다면, 0.25mm단위로 대바늘을 구비하는 것을 추천한다. 양말의 경우 사방 10cm당 콧수가 많은 하이 게이지[high gauge]로 뜨기 때문에 0.25mm의 바늘 굵기 차이에도 완성된 양말의 사이즈가 바뀔 수 있다. 2mm부터 3mm 사이의 대바늘을 0.25mm단위로 구비해놓는다면 바늘 사이즈가 맞지 않아서 양말을 뜨지 못 하는 일은 생기지 않을 것이다. 이 책에서는 다루지 않지만, 매우 하이 게이지로 뜨는 북유럽의 전통 양말 뜨기에도 도전할 예정이라면 1.75mm사이즈의 대바늘까지 갖춰두면 좋다.

대바늘은 제조사나 바늘 라인에 따라 바늘 끝의 뾰족함이나 코팅 소재, 사용한 소재에 차이가 있습니다. 쇼트 팁의 둘레 바늘도 제조사에 따라 바늘의 길이나 줄 길이가 상이하니 제품의 상세 사양을 확인하고 구입하는 게 좋습니다.

chapter 2

양말을 떠보자!

기본 양말 도안

양말 뜨기에는 다양한 기법들이 존재합니다.
기본 양말 도안은 양말 뜨기의 기초가 되는 뜨개 기법들을 사용해서 양말 뜨기를 시작하는 사람들도
쉽게 양말을 뜰 수 있도록 고안한 도안입니다.

러스틱 양말은 아주 쉽고, 단순한 방식으로 양말을 뜨는 방식이 적용되었습니다.
모두의 양말과 오디너리 데이는 러스틱 양말보다는 난이도가 있는 도안으로, 조금 더 완성도 있는 기본 구조의
양말 뜨기를 익힐 수 있는 도안입니다. 모두의 양말은 발목부터 뜨는 커프다운 양말 뜨기 방식으로 되어 있습니다.
오디너리 데이는 발가락부터 뜨는 토업 양말 뜨기 방식으로 되어 있습니다.

각각의 기법은 그에 최적화된 발가락 형태의 디자인과 발뒤꿈치를 만드는 기법들을 적용했습니다.
개인적으로 뜨는 중간에 실을 끊는 과정을 좋아하지 않아서 이 부분을 최소화했습니다.

기본 양말 편에서 손뜨개 양말의 기본 기법들을 확인한 후에 이러한 기법을 응용해서 무늬가 들어간
난이도 있는 기법의 도안들도 차근차근 떠보세요.

도안을 보는 법

· 이 책의 도안은 서술형 도안으로 되어 있습니다. 서술형 도안은 글 설명을 따라서 쭉 뜨면
  작품이 완성되는 방식입니다.

· 사이즈가 세분화된 도안에서 나타나는 도안의 숫자는 차례대로 해당 사이즈를 뜻합니다.

· 뜨다가 도안에 해당되는 숫자가 '0'으로 표시된 부분이 나오면 해당 부분은 뜨지 않고,
  그 다음으로 넘어가면 됩니다. 사이즈가 구분된 도안에서 사이즈별로 숫자가 구분되지 않았을 경우,
  모든 사이즈에 공통으로 적용되는 부분이라는 의미입니다.

· '특정 사이즈만'으로 표시된 부분은 해당 사이즈에만 적용되는 사항이고 '모든 사이즈'로 표시된 부분은
  모든 사이즈에 공통적으로 적용되는 사항입니다.

· 대괄호([ ])로 표시된 부분은 대괄호 안을 제시된 숫자만큼 반복하라는 의미입니다.

· 마커는 특정한 위치를 표시하기 위해 대바늘에 끼우도록 되어 있습니다.
  단의 시작점을 표시하는 마커는 단의 시작점이 되는 코 앞쪽에 대바늘에 끼우는 마커입니다.
  특별한 언급이 없어도 편물 방향에 맞춰 마커를 옮기며 뜨면 됩니다.

· 서술형 도안 읽는 법에 대한 더 자세한 설명은 179쪽에서 확인할 수 있습니다.

러스틱 양말은 양말 뜨기를 처음 시작한 초보 니터도 쉽게 뜰 수 있도록 무늬를 최소화한 심플 스타일
양말입니다.
굵은 실을 이용해 빨리 뜰 수 있고, 꿰매는 부분이 없어서 꿰매서 마무리하는 부담 없이 완성할 수
있습니다. 발등의 스마일 무늬를 보면서 정겹고, 소박한 시골풍 양말의 꾸밈없는 매력을 느껴보세요.

완성 사이즈	XS (S, M, L, XL) 가볍게 블로킹한 상태에서 양말의 발 둘레 약 16 (17, 19, 21, 23)cm, 발 길이 21 (23, 24.5, 25.5, 27)cm 사진은 M 사이즈의 양말입니다. 양말 사이즈는 발 길이를 기준으로 선택하는 것을 추천합니다.
실	트위드 에코 (80% 울, 20% 폴리아미드. DK 굵기. 90m/40g) 바탕색실 : 15(빈티지 오렌지) 2 (2, 2, 3, 3)볼 배색실 : 37(오트밀) 약 5g 미만 사용
게이지	5코×8단=사방 2.5cm, 가볍게 블로킹한 상태에서 메리야스 뜨기 기준
바늘	3.5mm, 80cm 이상의 줄바늘/장갑바늘. 또는 게이지에 맞는 바늘 사이즈
준비물	별실, 돗바늘, 마커 1개가 필요합니다.

✕ 발목 단 ✕

바탕색실을 이용해 옛 노르웨이식 코잡기로 33 (36, 39, 45, 48)코를 만든다.

단이 꼬이지 않도록 주의하면서 바늘에 코를 고르게 분산시킨 후, 마지막 코와 첫 코를 연결해 원통뜨기를 시작한다.

단의 시작점을 표시하는 마커를 마지막 코와 첫 코 사이에 끼운다.

(Technique) 옛 노르웨이식 코잡기|Old Norwegian cast-on 하는 방법

1 실 꼬리를 길게 남긴 상태에서(약 60cm 이상 여유 있게 남겨놓습니다) 검지에 실을 한 번 감은 후,

2 그 사이로 실을 빼내서 매듭코 한 개를 만듭니다.

3 이 매듭코를 바늘에 끼우고, 매듭코 아래쪽의 실 꼬리와 실을 양쪽으로 잡아당겨서 바늘에 코를 단단하게 고정시킵니다. 이 매듭코는 만들어야 하는 총 콧수에 포함됩니다.

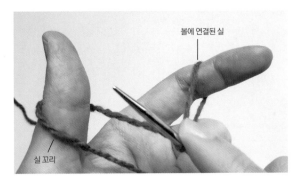

볼에 연결된 실

실 꼬리

4 실 꼬리는 엄지에, 볼에 연결된 실은 검지에 걸어서 사진과 같이 코를 만들 준비를 합니다. 매듭코가 바늘에서 빠지지 않도록 오른손으로 코를 잡고, 엄지와 검지에 건 실은 장력이 일정하게 유지되도록 나머지 손가락으로 잡아줍니다.

장력이 일정하게 유지되어야 코 모양이 고르게 만들어집니다.

Chapter 2

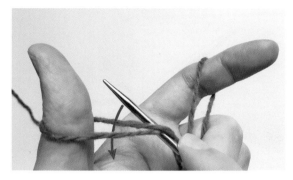

5 바늘 끝을 엄지에 걸린 실의 뒤쪽으로 넣은 후, 엄지 바깥쪽의 실만 바늘에 걸리도록 해서 엄지 앞쪽으로 끌어당깁니다.

6 이렇게 해서 만들어진 틈새 사이로 바늘 끝을 이용해서 검지에 걸린 실을 끌어당겨 빼냅니다.

7 이렇게 코가 오른쪽 바늘에 생기면 엄지에 걸린 실을 빼고 실 꼬리를 잡아당깁니다. 1코가 만들어졌습니다(사진에는 총 2코를 만든 상태). 5~7 과정을 반복해서 도안의 콧수만큼 코를 만듭니다.

옛 노르웨이식 코만들기는 만들어진 코 바로 아래에 안뜨기한 것처럼 코가 만들어지는 특징이 있습니다. 옛 노르웨이식 코만들기는 신축성 있는 코잡기 방법 중에 하나입니다.

Technique 원통뜨기 할 때 시작점이 벌어지지 않게 하는 법

첫 코와 마지막 코를 교차하기

1 원통뜨기를 시작하는 첫 번째 단에서 첫 코와 마지막 코를 사진과 같은 방식으로 위치해놓습니다.

2 첫 코를 안뜨기하듯이 오른쪽 바늘(단의 마지막 코가 있는 부분)로 옮깁니다.

3 첫 번째 코가 단의 마지막 코 옆으로 옮겨진 상태.

4 바늘 끝을 이용해서 단의 마지막 코를 첫 번째 코를 덮어씌우듯이 이동
   시켜서 왼쪽 바늘로 옮깁니다.

5 첫 번째 코와 마지막 코를 교차하는 방식으로 위치를 바꿔준 후에 첫 단
   을 뜨기 시작합니다.

첫 번째 방법으로 시작점에서 단이 벌어지는 현상을
방지하면 방법이 다소 번거롭지만 코 잡은 단의 연결
이 자연스럽게 떠진다는 장점이 있습니다. 두 번째 방
법은 첫 번째 방법보다 간단해서 따라하기 쉽지만 미
묘하게 단 차이가 생긴다는 특징이 있습니다.

첫 번째 단의 첫 번째 코를 뜰 때 실 꼬리를 함께 잡고 1코를 진행

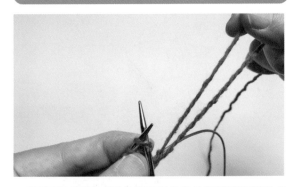

1 원통뜨기를 시작하는 단의 첫 번째 코를 뜰 때, 실 꼬리와 볼에 연결된 실
   이 2가닥을 동시에 붙잡고 첫 코를 뜹니다. 실 꼬리를 잡아당기는 방식으
   로 원통뜨기 시작 단의 단 벌어짐을 줄일 수 있습니다.

2 그 다음 코부터는 실 꼬리를 제외한 볼에 연결된 실만을 이용해서 뜹니
   다. 두 겹의 실로 떠진 첫 번째 코는 그 다음 단에서 1코로 동시에 뜹니다
   (코가 늘어나면 안됨).

발목 무늬 단 : [겉 2, 안 1] 끝까지 반복.

발목 단을 9단 더 반복해 길이가 약 3.5cm가 될 때까지 뜬다.

또는 원하는 길이가 될 때까지 발목 단을 반복한다.

XS (L) 사이즈만

다음 단 : 겉 16 (22), 왼코 모아뜨기, 끝까지 겉뜨기.

M 사이즈만

다음 단 : 겉 20, 오른코 만들기, 끝까지 겉뜨기.

— 총 32 (36, 40, 44, 48)코가 됨.

겉뜨기를 유지하며 코 잡은 단부터 잰 길이가 약 10 (12, 12, 14, 15)cm가 될 때까지,
또는 원하는 양말의 다리 길이가 될 때까지 곧게 뜬다.

> **After thought 발뒤꿈치를 뜨기 위한 발뒤꿈치 위치 정하기**
>
> After thought 방식의 발뒤꿈치는 별실을 이용해 발뒤꿈치 부분을 뜬 다음, 양말의 발 부분까지 다 뜬 후에 별실로 뜬 부분을 풀어내서 코를 대바늘에 옮긴 후 발뒤꿈치를 나중에 뜨는 방식입니다. 이 지점을 기준으로 양말의 다리 부분과 발 부분이 구분됩니다.

다음 단 : 겉 16 (18, 20, 22, 24), 별실을 이용해서 나머지 16 (18, 20, 22, 24)코 겉뜨기,
오른쪽 바늘에 별실로 뜬 코를 왼쪽 바늘로 모두 옮긴 후, 바탕색실로 다시 겉뜨기.
(46쪽 사진 설명 참고)

1 별실(꼬임이 단단한 울 실 또는 면사를 추천합니다)을 연결해서 발뒤꿈
   치에 해당하는 콧수(일반적으로 전체 콧수의 1/2에 해당됨)을 겉뜨기합
   니다. 이때 바탕색실은 끊지 말고 그대로 둡니다.

2 별실로 뜬 코를 오른쪽 바늘에서 왼쪽 바늘로 옮깁니다.

3 바탕색실을 이용해서 별실로 떠진 코를 다시 뜹니다.

겉뜨기를 유지하며 별실로 뜬 단으로부터 잰 양말의
길이가 원하는 발 길이보다 약 9 (9, 10, 10, 10.5)cm
정도 덜 되었을 때까지 곧게 뜬다.

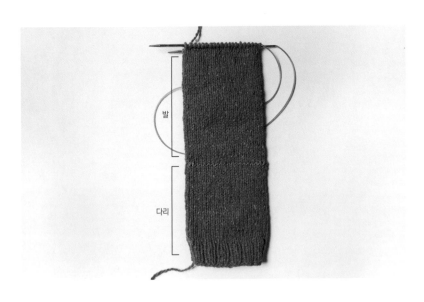

발

다리

별실로 뜬 부분을 기준으로 아래쪽이 양말의
다리 부분이 되고, 위쪽이 양말의 발 부분이 된다.
양말의 발 길이를 정할 때에는 편물의 신축성을
감안해서 지나치게 길어지지 않도록 주의한다.

× 발가락 ×

바탕색실을 끊지 않은 상태에서, 배색실을 연결해서 겉뜨기를 1단 진행한다.
배색실을 끊고 바탕색실로 겉뜨기를 2 (2, 2, 3, 3)단 진행한다.

다음 단(줄임 단) : [왼코 모아뜨기, 겉 2 (2, 3, 3, 4), 왼코 모아뜨기, 겉 2 (3, 3, 4, 4)] 4회 반복.
겉뜨기를 6 (5, 5, 5, 5)단 진행한다. — 24 (28, 32, 36, 40)코가 됨.

다음 단(줄임 단) : [왼코 모아뜨기, 겉 1 (1, 2, 2, 3), 왼코 모아뜨기, 겉 1 (2, 2, 3, 3)] 4회 반복.
겉뜨기를 4 (4, 4, 4, 4)단 진행한다. — 16 (20, 24, 28, 32)코가 됨.

다음 단(줄임 단) : [왼코 모아뜨기, 겉 0 (0, 1, 1, 2), 왼코 모아뜨기, 겉 0 (1, 1, 2, 2)] 4회 반복.
겉뜨기를 1 (1, 3, 3, 3)단 진행한다. — 8 (12, 16, 20, 24)코가 됨.

S 사이즈만
다음 단(줄임 단) : [겉 1, 왼코 모아뜨기] 4회 반복. 겉뜨기를 1단 진행한다.

M, L, XL 사이즈
다음 단(줄임 단) : [왼코 모아뜨기, 겉 0 (0, 1), 왼코 모아뜨기, 겉 0 (1, 1) 4회 반복.
겉뜨기를 1단 진행한다.

L 사이즈만
다음 단(줄임 단) : 겉 1, 왼코 모아뜨기, 4회 반복.

XL 사이즈만
다음 단(줄임 단) : 왼코 모아뜨기 8회 반복, 겉뜨기를 1단 진행한다.

— 총 8 (8, 8, 8, 8)코가 남음.

× 마무리 ×

약 15cm 길이로 실 꼬리를 남겨 자른다.
실 꼬리에 돗바늘을 연결해 남아 있는 8코를 통과시킨 후에 잡아당겨서 마무리한다.

실을 잡아당겨 마무리하는 법

1 약 10~15cm 정도로 실 꼬리를 남겨 자른 후 돗바늘에 실 꼬리를 끼웁니다.

2 편물 방향에 맞춰서 남아 있는 코에 돗바늘을 통과시킵니다.

3 빠지는 코가 없도록 주의하면서 모든 코에 돗바늘을 1회 통과시키고 1회 더 통과시킨 후 잡아당겨서 오므려줍니다(2회 통과시키면 더 튼튼하게 마무리됩니다).

× 발뒤꿈치 ×

별실로 뜬 코를 풀어서 코를 바늘로 옮긴다. 각각의 바늘에 16 (18, 20, 22, 24)코씩 총 32 (36, 40, 44, 48)코가 됨.
배색실을 연결해서 겉뜨기를 1단 진행한다. 이때 편물의 벌어짐을 방지하기 위해서
첫 번째 바늘과 두 번째 바늘의 끝에서 1코씩 오른코 만들기 방식으로 코늘림을 한다. – 2코 늘어남.

별실로 뜬 코를 바늘로 옮기는 법

 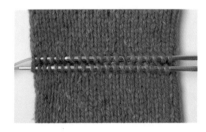

1 별실로 뜬 코를 풀면서 한 코씩 대바늘로 옮깁니다.

2 풀어낸 코를 코줍기해서 대바늘로 옮겨놓은 상태. 이때 코가 뒤집히지 않도록 주의합니다.

Chapter 2

배색실을 끊고 바탕색실에 연결한다.

다음 단(줄임 단) : [오른코 모아뜨기, 겉뜨기하다가 3코 남았을 때, 왼코 모아뜨기, 겉 1] 2회 반복.

다음 단 : 겉뜨기.

위와 같이 줄임 단과 겉뜨기 1단을 반복하는 방식으로 2단마다 줄이기를 각각의 바늘에 3코가 남을 때까지 반복한다.

줄임단에서 끝낸다.

(Technique) 도안에는 나오지 않는 꿀팁

After thought 방식의 뒤꿈치를 만들 경우 코를 주운 단의 양 끝 쪽에 구멍이 생기는 현상이 발생하는 경우가 많습니다.
이를 방지하기 위해서 대바늘 2개를 이용해 코줍기를 할 때 각각의 바늘의 끝 지점에서 1코 줍기를 진행하는데, 그래도 구멍이 생기게 됩니다.
이 구멍을 방지하는 방법입니다.

1   실을 연결해서 첫 코를 뜨기 전에 코의 아래쪽으로 늘어지는 실 부분에서 오른코 만들기 방식으로 1코를 늘립니다.

2   오른코 만들기로 1코를 늘린 이 코는 도안에 나오지 않는 부분으로 , 그 다음 단에서 왼코 모아뜨기를 하는 방식으로 다시 줄여주면 됩니다

3   최초로 실을 연결하는 부분에서는 실 꼬리를 길게 남깁니다. 이 실 꼬리를 이용해서 실을 연결한 단에서 편물이 벌어지는 부분을 꿰매면 After thought 뒤꿈치에서 구멍이 생기는 현상을 보완할 수 있습니다.

4   쭉 뜨다가 사진의 왼쪽 단에서도 동일한 방식으로 코늘림을 한 후에 그 다음 단에서 해당코를 줄이는 방식으로 진행하면 됩니다

✕ 발뒤꿈치 마무리하기 ✕

실 꼬리를 약 15cm 정도 남겨 자른 후 돗바늘을 꿰서 남아 있는 6코에 통과시킨 후, 실을 잡아당겨 마무리한다.
발등에 배색실을 이용해 스마일 표정 덧수를 놓는다(덧수 위치는 사진 설명 참고).
다 떴다면 실꼬리는 안면에서 모두 정리한다.

실 꼬리 정리하는 법

안쪽의 메리야스 뜨기 면에서 나타나는 편물의 대각선 방향으로 실 꼬리를 통과시켜서 실을 정리합니다.
코 잡은 단의 실 꼬리는 안면에 만들어진 겉뜨기 단(겉면의 안뜨기 단)의 라인을 이용해서 사진과 같이 정리합니다.

발뒤꿈치에 이런 구멍이 생길 경우, 실 연결한 부분의 실 꼬리를 이용해서 안면에서 꿰매주는 방식으로 구멍을 보완합니다. 그래서 발뒤꿈치에 실을 연결할 때 실 꼬리를 길게 남겨야 합니다. 실을 연결한 단의 시작점에서 유독 구멍이 크게 생기는 경향이 있으니 실꼬리를 이용해 안면에서 꿰매는 방식으로 구멍을 최소화해주세요.

두 번째 짝을 뜰 때 주의할 점

두 번째 짝을 뜰 때에 게이지가 바뀔 가능성이 있습니다. 양말의 양쪽 길이를 동일하게 맞추려면,
자로 잰 길이가 아닌 단수로 길이를 맞추는 쪽을 추천합니다.
단수로 길이를 맞추면 다소 게이지 차가 생기더라도 비교적 양쪽의 길이가 유사하게 완성됩니다.

(Technique) 스마일 표정 덧수 놓기

1 발등 중앙 부분에 배색실로 뜬 단으로부터 8단 위에 중앙지점으로부터 양 옆쪽으로 2코 간격 바깥 쪽에 덧수의 위치를 잡습니다. 배색실을 약 20cm 길이로 잘라서 돗바늘에 연결한 후에 사진과 같이 편물의 안쪽에서 바깥쪽으로 돗바늘이 나오게 한 후, 덧수를 놓습니다. 바늘과 실이 나온 위치에 주의해주세요.

2 사진과 같이 돗바늘을 통과시킨 후에 2코 옆에 스티치로 돗바늘을 빼줍니다.

3 위쪽의 코가 사진처럼 정확하게 걸리도록 덧수를 놓습니다.

4 눈 모양 덧수를 놓은 한 단 위 한 코 오른쪽 옆으로 돗바늘을 빼줍니다.

5 돗바늘을 뺀 단의 왼쪽 옆으로 4코 반 위치에 돗바늘을 집어넣어서 배색
  실로 뜬 바로 아랫단으로 돗바늘이 나오도록 통과시킵니다.

6 웃는 입 모양이 되도록 실의 장력을 조절한 후에 바로 아랫단으로 돗바
  늘을 통과시킨 후, 안면에서 실을 정리해서 마무리합니다.

7 스마일 무늬의 덧수가 완성되었습니다.

모두의 양말

모두의 양말은 모두가 신을 수 있도록 다양한 사이즈로 되어 있어서 각자의 발 사이즈에 맞게 뜰 수 있는 양말 도안입니다. 핑거링 굵기의 양말실을 이용해서 뜨는 양말로, 착용감이 좋은 고무무늬 패턴으로 되어 있습니다. 발목부터 뜨는 커프 다운 방식 양말 뜨기의 가장 기본적인 기법들을 적용해서 발목부터 뜨는 양말 기법을 익히기에 좋도록 디자인을 구성했습니다.

완성 사이즈	XS, S (M, L) XL, XXL 가볍게 블로킹 한 상태에서, 양말의 발 둘레 약 15.5, 17 (18.5, 20) 21.5, 23cm, 발 길이 22, 23.5, (24.5, 26) 27, 28cm 사진은 M 사이즈 양말입니다. XS 사이즈는 아동용 사이즈입니다. S 사이즈 이하의 작은 사이즈 양말을 뜰 경우 코를 만들 때에만 바늘 사이즈를 한 사이즈 크게(3mm 대바늘 사용) 사용하는 것을 추천합니다.
실	오팔 Regenwald(75% 버진울, 25% 나일론. Fingering 굵기. 425m/100g) 9451 ½, ½ (1, 1) 1, 1볼
게이지	8.5코 × 12단 = 사방 2.5cm, 가볍게 블로킹한 상태에서 메리야스 뜨기 기준
바늘	2.25mm 80cm 이상의 줄바늘/장갑바늘. 또는 게이지에 맞는 바늘 사이즈
준비물	마커 3개가 필요합니다.
NOTE	· 도안은 특별한 언급이 없는 한, 0, 1 (2, 3) 4, 5 사이즈 순서대로 서술되었습니다. · 대괄호([ ])로 묶인 부분은 제시된 횟수만큼 대괄호 안을 반복합니다. · '패턴을 유지하며'는 전 단에서 겉뜨기한 코는 겉뜨기, 안뜨기한 코는 안뜨기하라는 의미입니다. · 걸러뜨기 방향에 주의: 특별한 언급이 없는 한 걸러뜨기는 왼쪽 바늘의 코를 안뜨기하듯이 오른쪽 바늘로 옮깁니다.

× 다리 ×

바탕색실을 이용해 옛 노르웨이식 코잡기(42쪽 참고)로 48, 56 (64, 72) 80, 88코를 만든다.
단이 꼬이지 않도록 주의하면서 바늘에 코를 고르게 분산시킨 후,
마지막 코와 첫 코를 연결해 원통뜨기를 시작한다.
단의 시작점을 표시하는 마커를 마지막 코와 첫 코 사이에 끼운다.

발목 무늬 단 : [꼬아뜨기 1, 안 1] 끝까지 반복.
발목 무늬 단을 15단 더 반복한다. 또는 원하는 발목 길이가 될 때까지 발목 무늬 단을 더 반복한다.

다음 단 : [겉 3, 안 1] 끝까지 반복.
패턴을 유지하며 코 잡은 단부터 잰 양말의 다리 부분 길이가 10, 12 (13, 13) 15, 15cm가 될 때까지 곧게 뜬다.
또는 원하는 다리 길이가 될 때까지 곧게 뜬다.

다음 단 : 단의 시작점을 표시하는 마커 빼기, 겉 2, 겉뜨기한 2코를 마지막 바늘로 옮긴 후
단의 시작점을 표시하는 마커를 끼운다.
그 다음의 23, 27 (31, 35) 39, 43코를 이용해 뒤꿈치 단을 평면으로 뜬다.
나머지 25, 29 (33, 37) 41, 45코는 발등 부분으로 뒤꿈치에서는 뜨지 않는다.

1 코를 만들 때 만든 코의 1/2 지점에 별실을 걸쳐서 단의 절반의 위치를 표시해놓습니다.

2 코 잡은 단이 꼬이지 않도록 주의하며 코를 바늘의 줄 가운데로 옮깁니다.

3 절반을 표시한 부분을 중심으로 사진과 같이 줄을 구부린 후, 표시된 코 사이의 줄을 빼냅니다.

4 실이 연결되지 않은 부분은 바늘 쪽으로, 실이 연결된 부분은 줄의 가운데로 사진과 같이 위치하도록 코의 위치를 조정합니다. 이때, 단이 꼬이지 않도록 항상 주의해주세요.
실이 연결되지 않은 부분이 단의 시작점이 됩니다.

5 단의 시작점이 헷갈릴 때에는 실 꼬리의 위치를 참고해주세요. 실 꼬리가 뜨고 있는 편물의 오른쪽에 있을 때가 단의 시작점이 됩니다. 매직루프 원통뜨기에서는 1단을 ½로 나누어서 뜨기 때문에 2로 나눠진 단을 모두 떠야 1단이 된다는 점에 주의합니다.

TIP

원통뜨기 할 때 시작점이 벌어지지 않게 하는 법 43쪽 참고

✖ 발뒤꿈치 ✖

뒤꿈치 1단(겉면) : [걸러뜨기 1, 겉 1] 반복하다가 1코 남았을 때, 겉 1.

뒤꿈치 2단(안면) : 걸러뜨기 1, 끝까지 안뜨기.

뒤꿈치 1~2단을 14, 14 (15, 16) 17, 17회 더 반복한다.

1 뒤꿈치 단을 평면으로 진행한 상태(겉면).

2 뜨다가 뒤꿈치 단을 몇 회 반복했는지 헛갈릴 때에는 안면에서 걸러뜨기로 걸쳐진 실 가닥의 숫자를 확인하면 됩니다. 뒤꿈치 1~2단을 1회 진행하면 안면으로 점선처럼 걸쳐진 실 가닥이 1개가 생깁니다.

뒤꿈치 바닥

경사뜨기 1단(겉면) : 걸러뜨기 1, 겉 13, 15 (17, 21) 23, 25, 오른코 모아뜨기, 겉 1, 편물 뒤집기.

경사뜨기 2단(안면) : 걸러뜨기 1, 안 6, 6 (6, 10) 10, 10, 안뜨기로 2코 모아뜨기, 안 1, 편물 뒤집기.

경사뜨기 3단(겉면) : 걸러뜨기 1, 겉뜨기하다가 전 단과 단 차이가 나기 전 1코 남았을 때,

오른코 모아뜨기, 겉 1, 편물 뒤집기.

경사뜨기 4단(안면) : 걸러뜨기 1, 안뜨기하다가 전 단과 단 차이가 나기 전 1코 남았을 때,

안뜨기로 2코 모아뜨기, 안 1, 편물 뒤집기.

경사뜨기 3~4단을 2, 3 (4, 4) 5, 6회 더 반복한다. — 15, 17 (19, 23) 25, 27코가 됨.

거싯 만들기

다음 단(겉면) : 걸러뜨기 1, 겉 14, 16 (18, 22) 24, 26, 뒤꿈치 단의 왼쪽 가장자리 솔기를 따라

겉뜨기로 15, 15 (16, 17) 18, 18코 줍기, 첫 번째 마커 끼우기,

다음 25, 29 (33, 37) 41, 45코는 발등 부분으로 패턴을 유지하며 뜬 다음, 두 번째 마커 끼우기,

뒤꿈치 단의 오른쪽 가장자리 솔기를 따라 겉뜨기로 15, 15 (16, 17) 18, 18코 줍기,

단의 시작점을 표시하는 마커 끼우기. — 70, 76 (84, 94) 102, 108코가 됨.

Chapter 2

1 뒤꿈치 단의 왼쪽 가장자리 솔기를 따라 사슬처럼 만들어진 솔기 단의 가장 마지막 코를 따라서 사진과 같이 바늘을 끼워 넣습니다.

2 뜨고 있는 도안 사이즈에 맞게 코를 주워서 겉뜨기를 하면 됩니다(사진은 M사이즈 양말로 16코를 코줍기한 상태입니다).

또는 이렇게 한 코씩 끌어올리는 방식으로 떠도 무관합니다. 뒤꿈치 단에서 코줍기를 할 때에는 실을 끌어올리는 위치에 주의합니다.

거싯 코줍기한 부분과 발등이 연결되는 부분의 구멍 방지하는 방법

1 거싯 코줍기가 끝나고 발등이 시작되는 부분에서 늘어진 코와 코 사이의 실을(화살표 표시된 부분)

2 발등 부분에서 오른코 만들기(끌어올린 흰색 실 부분 활용. 반대편의 발등-거싯 연결 부분에서는 왼코 만들기)로 1코를 늘립니다.

3 이렇게 늘어난 코는 그 다음 단의 발등 부분에서 왼코 모아뜨기(반대편에서는 오른코 모아뜨기)로 줄여서 코수를 도안에 맞게 유지합니다.

다음 단부터는 원통뜨기를 시작한다. 발등을 뜰 때에는 항상 패턴을 유지하며 뜬다.

다음 단(줄임단) : 겉뜨기하다가 첫 번째 마커 전 3코 남았을 때, 왼코 모아뜨기, 겉 1, 마커 옮기기,
고무무늬 패턴을 유지하며 발등 25, 29 (33, 37) 41, 45코 진행, 마커 옮기기, 겉1, 오른코 모아뜨기, 끝까지 겉뜨기.
다음 단 : 첫 번째 마커까지 겉뜨기, 마커 옮기기, 발등 25, 29 (33, 37) 41, 45코 진행, 마커 옮기기, 끝까지 겉뜨기.
마지막 2단을 10, 9 (9, 10) 10, 9회 더 반복한다. ― 48, 56 (64, 72) 80, 88코가 됨.

✕ 발 ✕

다음 단 : 단의 시작점을 표시하는 마커를 빼고, 첫 번째 마커까지 겉뜨기.
이제부터는 첫 번째 마커가 단의 시작점을 표시하는 마커가 된다.
첫 25, 29 (33, 37) 41, 45코는 발등 부분으로 고무무늬 패턴을 유지하며 뜨고, 나머지 23, 27 (31, 35) 39, 43코는
발바닥으로 겉뜨기를 하면서 원하는 발 길이에서 약 4.5, 5 (5, 5) 5.5, 6cm 덜 되었을 때까지 곧게 뜬다.

TIP 양말의 발 길이 재는 법

발뒤꿈치 바닥의 중앙 부분부터 잰 양말의 길이가
양말의 발 길이가 됩니다. 편물의 신축성을
감안해서 길이를 세로 방향으로 살짝 늘려서 재면
착용감이 좋은 양말이 됩니다.
뜰 때 단수를 체크해두면, 두 번째 양말을 뜰 때
길이를 참고할 수 있습니다. 두 번째 짝을 뜰
때 자로 잰 길이보다는 단수로 맞추는 것을 더
추천합니다.

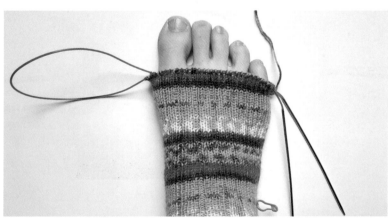

TIP 양말의 적정 길이 정하는 법

뜨고 있는 양말을 한번 신어보세요. 편물의
신축성을 감안해 전체 길이의 약 8% 정도를
발가락 쪽으로 늘렸을 때, 새끼발가락이 분리되는
지점을 살짝 덮는 길이가 된다면 발가락을
시작하기 좋은 기장이 된 것입니다.

⌗ 발가락 ⌗

XS (S) 사이즈만

겉뜨기를 2 (2)단 진행한다.

모든 사이즈

다음 단 : 겉 1, 오른코 모아뜨기, 다음 마커 전 3코 남을 때까지 겉뜨기, 왼코 모아뜨기, 겉 1,

마커 옮기기, 끝까지 겉뜨기. — 발등에서 2코 줄어듦.

발가락 1단 : 겉.

발가락 2단(줄임 단) : [겉 1, 오른코 모아뜨기, 다음 마커 전 3코 남을 때까지 겉뜨기,

왼코 모아뜨기, 겉 1, 마커 옮기기.] 2회 반복.

발가락 1~2단을 7, 8 (9, 10) 11, 13회 더 반복한다. 줄임 단에서 끝남. — 14, 18 (22, 26) 30, 30코가 남음.

⌗ 마무리하기 ⌗

실 꼬리를 약 20~30cm 정도 남겨서 실을 자른다. 두 개의 바늘에 각각 7, 9 (11, 13) 15, 15코가 되도록

분산시킨 다음(첫 번째 마커와 두 번째 마커 사이의 7, 9 (11, 13) 15, 15코가 한 바늘에 가도록 함),

마커를 모두 제거한다. 돗바늘을 이용해서 키치너 스티치로 꿰매서 마무리한다.

(Technique) 키치너 스티치로 꿰매서 마무리하는 법

두 개의 바늘에 코를 동일하게 분산시킨 다음, 안쪽 면이 마주 보이게 편물을 잡는다(겉면이 바깥쪽으로 향한 상태) 길게 남긴 실 꼬리에 돗바늘에
실을 꿰서 다음과 같이 진행한다(186쪽 참고).

1 첫 번째 바늘(앞쪽 바늘)의 첫 번째 코에 돗바늘을 안뜨기 방향으로 통과
시킨다.

2 두 번째 바늘(뒤쪽 바늘)의 첫 번째 코에 돗바늘을 겉뜨기 방향으로 통과
시킨다.

3 첫 번째 바늘의 첫 번째 코에 돗바늘을 겉뜨기 방향으로 통과시킨 후, 첫 번째 코를 바늘에서 뺀다.

4 첫 번째 바늘의 두 번째 코(첫 번째 코를 바늘에서 뺐기 때문에 그 다음 코가 첫 번째 바늘의 첫코가 됨)에 돗바늘을 안뜨기 방향으로 통과시킨다.

5 두 번째 바늘의 첫 번째 코에 돗바늘을 안뜨기 방향으로 통과시킨 후, 첫 번째 코를 바늘에서 뺀다.

6 그런 다음, 두 번째 바늘의 두 번째 코에 돗바늘을 겉뜨기 방향으로 통과시킨다.

3부터 6까지의 과정을 반복하면 메리야스 모양으로 단이 연결되며 발끝 부분이 꿰매진다.

마지막 코까지 모두 마무리한 후에는 사진과 같이 편물의 안쪽으로 실 꼬리를 넣은 후, 안면에서 실을 정리해서 마무리한다.

오디너리 데이Ordinary Days는 평범한 보통의 일상에 대한 느낌을 담아 디자인한 양말입니다. 변화없이 반복되는 것처럼 느껴지는 일상이 쌓여 각기 다른 삶의 결을 만드는 것을 장나염의 그라데이션 실과 단색실을 교차해서 만드는 줄무늬로 표현해보았습니다.

오디너리 데이는 토업 방식의 양말뜨기를 익힐 수 있는 도안으로 다른 양말 도안에 비해 편물을 약간 느슨하게 짜도록 되어 있습니다. 랩앤턴 경사뜨기로 발뒤꿈치를 만들 경우 발등 높이를 커버할 수 있는 여유분(거싯)이 없어서 타이트한 양말 핏을 만들면 착용감이 떨어지기 때문입니다. 줄무늬 양말을 뜨며 터키식 코잡기와 랩앤턴 경사뜨기, 원통뜨기에서 단 차이가 나지 않도록 줄무늬 만드는 법을 익힐 수 있습니다.

완성 사이즈	아동용 (여성용) 남성용 가볍게 블로킹한 상태에서, 양말의 발 둘레 약 15, (18) 21cm, 발 길이 19~21 (23~25) 26~27.5cm 사진은 아동용, 여성용 양말입니다.
실	**바탕색실** : 포엠스 마라톤 (75% 슈퍼워시 울, 25% 나일론. Fingering 굵기. 420m/100g) 962 ½ (1) 1볼 **배색실** : 오팔 Uni 4ply (75% 버진 울, 25% 폴리아미드. Fingering 굵기. 425m/100g) 3081 ½ (½) ½볼
게이지	8코 × 10단 = 사방 2.5cm, 가볍게 블로킹한 상태에서 메리야스 뜨기 기준
바늘	2.5mm 80cm 이상의 줄바늘/장갑바늘. 또는 게이지에 맞는 바늘 사이즈

Technique 터키식 코잡기 하는 법

1 실 꼬리쪽으로 매듭코를 1개 만듭니다 (매듭코 만드는 법 42쪽 참고).

2 이 매듭코를 바늘에 끼운 후에, 실을 잡아당겨 바늘에 고정시킵니다.

3 매듭코가 끼워진 바늘의 끝이 오른쪽을 향하게 한 후에, 나머지 줄바늘의 끝을 사진과 같이 나란히 잡은 후에 볼에 연결된 실을 오른손으로, 실 꼬리를 왼손으로 잡아 고정한 후에

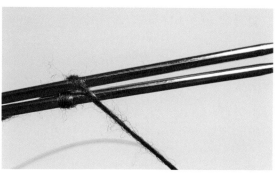

4 실을 바늘의 뒤에서 앞쪽 방향으로, 만들어야 할 코의 ⅓에 해당하는 숫자만큼 바늘에 감습니다. 예를 들어, 16코를 만들어야 할 경우, 8번 실을 감으면 됩니다.

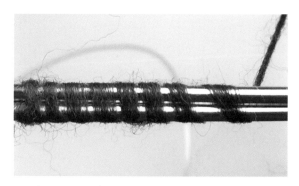

5 실을 8번 감은 상태(여성용 사이즈 기준). 실을 감은 횟수는 매듭코를 제외하고 위쪽 바늘과 아래쪽 바늘에 동일한 횟수가 감겨 있어야 합니다.

6 바늘에 감은 실이 풀리지 않도록, 바늘과 바늘 사이에 실을 잠시 끼워둡니다.

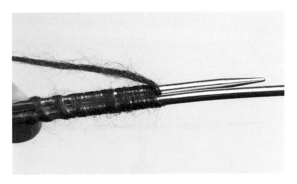 

7 아래쪽에 있는 바늘을 오른쪽 방향으로 잡아당깁니다. 이때 바늘에 감은   8 터키식 코잡기가 끝난 상태.
　실이 풀리지 않도록 주의하세요.

× 발가락 ×

바탕색실을 이용해 터키식 코잡기로 12 (16) 20코를 만든다.
첫 번째 바늘과 두 번째 바늘에 각각 6 (8) 10코가 만들어진 상태에서 각각의 바늘에 있는 코를 모두 겉뜨기한다.

다음 단부터는 아래와 같이 코 늘림을 시작한다.

발가락 1단(늘림 단) :
첫 번째 바늘 겉 1, 오른코 만들기, 겉뜨기하다가 1코 남았을 때, 왼코 만들기, 겉 1.
두 번째 바늘 겉 1, 오른코 만들기, 겉뜨기하다가 1코 남았을 때, 왼코 만들기, 겉 1. ― 4코 늘어남.
발가락 2단 : 겉뜨기.
발가락 1~2단을 8 (10) 12회 더 반복한다. ― 각각의 바늘에 24 (30) 36코씩, 총 48 (60) 72코가 됨.

겉뜨기를 2단 진행한다.

Chapter 2

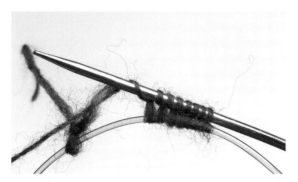

1 첫 번째 바늘의 겉뜨기를 끝낸 상태 : 한 단의 절반이 끝난 상태입니다. 이 상태에서 바늘의 뾰족한 끝이 오른쪽을 향하도록 줄바늘의 방향을 바꾼 후,

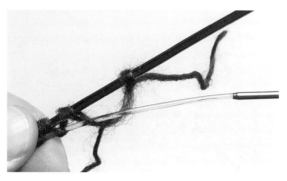

2 줄바늘의 줄 쪽에 있는 코를 반대편 바늘쪽으로 옮기고, 방금 겉뜨기를 한 코의 바늘을 오른쪽으로 쭉 잡아당겨서 반대편의 코를 매직루프 원통뜨기 할 수 있도록 위치를 조정합니다.

3 매듭코는 바늘에 실을 고정시키기 위한 것이므로 뜨지 않습니다. 사진처럼 바늘에서 매듭코를 뺍니다.

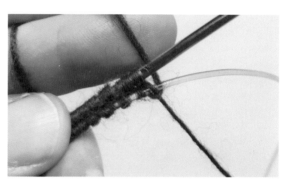

4 이때, 마지막으로 겉뜨기한 코가 풀리지 않도록 바늘에서 뺀 매듭코를 사진처럼 왼손으로 잡아 풀리지 않도록 합니다.

5 그런 다음, 줄에 감긴 실이 풀리지 않도록 사진과 같이 실 꼬리와 뜨고 있는 실을 교차시킨 후에 나머지 절반의 코를 모두 겉뜨기합니다(매듭코는 풀어도 무관합니다).

6 겉뜨기 1단이 끝난 상태.

오른코 만들기

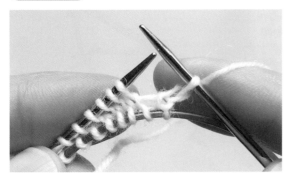

1 아랫단의 코와 코 사이의 실에 왼쪽 바늘을 뒤에서 앞쪽으로 집어 넣습니다.

2 사진처럼 실이 걸치게 끌어올립니다.

3 그대로 겉뜨기를 합니다.

4 1코가 늘어난 상태. 아랫단에 늘어난 코의 모양이 오른쪽 방향을 향합니다.

왼코 만들기

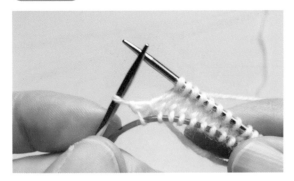

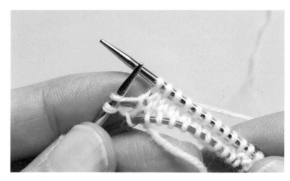

1 아랫단의 코와 코 사이에 실 사이에 왼쪽 바늘을 앞에서 뒤쪽으로 걸어 줍니다.

2 실을 사진과 같이 바늘로 끌어 올립니다.

Chapter 2

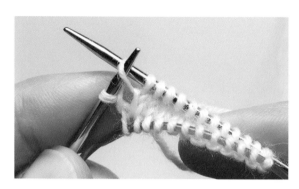

3 이렇게 끌어올려진 실의 뒤쪽으로 오른쪽 바늘을 넣어서 겉뜨기(뒤쪽 실로 겉뜨기하는 것을 꼬아뜨기라고 합니다)합니다.

4 1코가 늘어난 상태. 아랫단에 늘어난 코의 모양이 왼쪽 방향을 향합니다.

터키식 코 만들기로 코를 만들어서 코늘림을 하다보면 늘림을 빠뜨리거나, 첫 번째 바늘과 두 번째 바늘의 코를 모두 떠야 1단이 끝난다는 사실이 헷갈려서 실수를 하는 경우가 종종 발생합니다. 시작단의 편물에 마커를 표시해두면 헷갈림을 예방할 수 있습니다. 참고로 터키식 코잡기에서는 실꼬리가 편물의 왼쪽에 있을 때 뜨는 바늘이 단의 시작점이 됩니다.

✕ 발 ✕

바탕색실을 끊지 않은 상태에서, 배색실을 연결해서 줄무늬를 뜨기 시작한다.

줄무늬 : [배색실로 겉뜨기 4단 진행, 바탕색실로 겉뜨기 4단 진행] 반복.

줄무늬를 유지하며, 코를 잡은 단부터 잰 양말의 길이가 원하는 발 길이에서
5 (5.5) 6cm를 뺀 길이가 될 때까지 곧게 뜨다가 배색실로 뜨는 4번째 단에서 끝낸다.
바탕색실로 겉뜨기를 2단 진행한다.

토업 양말의 발 길이 재는 법
편물의 신축성을 감안해서 약 8% 정도 살짝
늘려서 재면 좋습니다.

1 실의 색을 바꾼 후 겉뜨기를 1단 진행합니다(사진은 바탕색으로 실 색을 바꾼 후 겉뜨기를 1단 진행한 상태입니다).

2 바꾼 색의 실로 뜨는 두 번째 단의 첫 코를 뜰 때 바로 아랫단의 코(다른 색의 실로 뜬 코가 됨)를 오른쪽 바늘의 뾰족한 끝 부분을 이용해 왼쪽 바늘에 걸쳐지도록 끌어올립니다.

3 끌어올린 코를 첫 번째 코와 함께 왼코 모아뜨기 하듯이 동시에 겉뜨기 합니다. 이렇게 뜨고 나면 사진처럼 바로 아랫단에 떴던 코가 사라지고 그 아랫단의 코만 남아 있는 상태가 됩니다.

이 방법대로 뜨면 실색이 바뀌는 부분에서 줄무늬의 단차이가 최소화됩니다 (이 방식은 2단 이상의 줄무늬를 원통으로 뜰 때에 적용됩니다).

실색을 바꿀 때 그 다음에 뜨는 실 색을 그 전에 뜨던 색의 실 위쪽으로 가져 와서 뜨면, 안면에서 사진처럼 실이 꼬여서 연결되어 떠집니다. 특별한 지시 가 없는 한 실을 끊지 않고 이런 식으로 연결되도록 뜹니다.

✖ 발뒤꿈치 ✖

첫 24 (30) 36코만을 이용해서 뒤꿈치 경사뜨기를 진행한다. 뒤꿈치 경사뜨기는 평면으로 바탕색실을 이용해서 뜬다.

첫 번째 뒤꿈치 경사뜨기

경사뜨기 1단 : 겉 24 (29) 35, w&t.

경사뜨기 2단(안면) : 걸러뜨기 1, 안 23 (28) 34, w&t.

경사뜨기 3단(겉면) : 걸러뜨기 1, 전단에서 경사뜨기(w&t)한 코 전 1코 남을 때까지 겉뜨기, w&t.

경사뜨기 4단(안면) : 걸러뜨기 1, 전단에서 경사뜨기(w&t)한 코 전 1코 남을 때까지 안뜨기, w&t.

경사뜨기 3~4단을 7 (9) 11회 더 반복한다.

TIP

첫 번째 경사뜨기가 끝나고 두 번째 경사뜨기 첫 번째 단의
걸러뜨기 1을 한 상태(여성용 사이즈). 뒤꿈치를 뜨고 있는
바늘 중앙에는 일반 코가 있고, 그 옆쪽으로 경사뜨기한 코가
연속해서 있는 상태가 됩니다. 첫 번째 경사뜨기가 끝난
상태에서 랩앤턴 경사뜨기한 코는 코 아래쪽에 실이 한가닥
감싸고 있는 형태가 됩니다.

두 번째 뒤꿈치 경사뜨기

다음 단(경사뜨기 1단)(겉면) : 걸러뜨기 1(여기까지 뜨면 뒤꿈치를 뜨고 있는 대바늘의 중앙에 6 (8) 10코가 있고,
그 양 옆으로 w&t한 코가 각각 9 (11) 13코가 있는 상태가 된다), 겉 6 (8) 10, 겉뜨기로 w&t한 코 정리하기, w&t.

경사뜨기 2단(안면) : 걸러뜨기 1(두 겹으로 w&t한 코가 됨), 안 7 (9) 11, 안뜨기로 w&t한 코 정리하기, w&t.

경사뜨기 3단(겉면) : 걸러뜨기 1(두 겹으로 w&t한 코가 됨), 전단에서 w&t한 코 전까지 겉뜨기,
겉뜨기로 두 겹으로 w&t한 코 정리하기, w&t.

경사뜨기 4단(안면) : 걸러뜨기 1(두 겹으로 w&t한 코가 됨), 전단에서 w&t한 코 전까지 안뜨기,
안뜨기로 두 겹으로 w&t한 코 정리하기, w&t.

경사뜨기 3~4단을 7 (9) 11회 더 반복한다.

다음 단(겉면) : 걸러뜨기 1(여기까지 뜨면 뒤꿈치를 뜨고 있는 바늘의 양 끝으로 두 겹으로 w&t한 코가 각각 1코씩
남아 있는 상태가 됩니다), 단의 시작점까지 겉뜨기. 이때, 두 겹으로 w&t한 코가 나오면 겉뜨기로 정리합니다.

겉뜨기 면에서 랩앤턴 경사뜨기 하는 방법

1 실을 안뜨기 위치로 옮긴 후,

2 다음 코를 걸러뜨기합니다.

3 편물을 뒤집습니다.

4 걸러뜨기 1(뜨고 있는 실이 걸러뜨기한 코의 아래쪽을 감싸게 됨), 실이
   늘어지지 않도록 단단하게 당긴 후에 이어서 안뜨기합니다.

안뜨기 면에서, 랩앤턴 경사뜨기 하는 방법

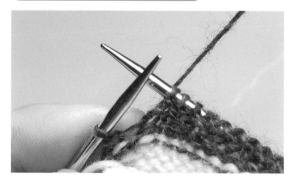

1 실을 겉뜨기 위치로 옮긴 후,

2 다음 코를 걸러뜨기 합니다.

3 편물을 뒤집습니다.

4 편물을 뒤집고 걸러뜨기 1(뜨고 있는 실이 걸러뜨기한 코의 아래쪽을 감싸게 됨), 실을 겉뜨기 방향으로 옮긴 후, 실을 단단하게 당겨주고 나서 겉뜨기합니다.

(Technique) w&t한 코 정리하는 방법

겉뜨기로 w&t한 코 정리하는 방법

1 코의 아래쪽에 감싼 실 부분을(사진은 두 번째 경사뜨기의 첫 번째 겉뜨기단의 코라서 감싼 실이 1가닥으로 되어 있습니다)

2 오른쪽 바늘을 이용해 겉면에서 끌어올려서(두 겹으로 w&t한 코는 2가닥의 감싼 실을 동일한 방식으로 모두 끌어올려야 합니다)

3 왼쪽 바늘에 끼운 후에,

4 끌어올린 실가닥과 함께 겉뜨기합니다.

01 코의 아래쪽에 감싼 실 부분을(사진은 두 번째 경사뜨기의 두 번째 단의 코라서 감싼 실이 1가닥으로 되어 있습니다)

02 오른쪽 바늘을 이용해 겉면에서 끌어올려서(두 겹으로 w&t한 코는 2가 닥의 감싼 실을 동일한 방식으로 모두 끌어올려야 합니다)

03 왼쪽 바늘에 끼운 후에

04 끌어올린 실가닥과 함께 안뜨기합니다.

두번째 경사뜨기로 감싼 실부분

첫번째 경사뜨기로 감싼 실부분

두 겹으로 w&t한 코는 사진처럼 두 가닥의 실이 코를 감싼 형태로 만들어지는데, 경사뜨기한 코를 정리할 때에는 이 두 가닥의 실을 모두 끌어올려서 함께 겉(안)뜨기하는 방식으로 진행합니다.

✕ 다리 ✕

바탕색실로 겉뜨기를 1단 진행한다.

배색실로 바꿔서 줄무늬를 계속 진행한다.

줄무늬를 유지하며 배색실로 뜨기 시작한 단부터 잰 양말의 다리 길이가 약 7 (12) 14cm가 될 때까지

또는 원하는 다리 길이가 될 때까지 곧게 뜨다가 배색실로 뜨는 4번째 단에서 끝낸다.

✕ 발목 ✕

배색실을 끊고 바탕색실로 겉뜨기를 1단 진행한다.

고무무늬 단 : [겉 2, 안 2] 끝까지 반복.

고무무늬 단을 9 (13) 14단 더 반복한다. 또는 원하는 길이가 될 때까지 고무무늬 단을 더 반복한다.

✕ 마무리하기 ✕

약 40cm 정도 실 꼬리를 남겨 바탕색실을 자른 후, 실 꼬리에 돗바늘을 꿰어서

신축성 있게 코막음하는 방식으로 마무리한다.

Technique 돗바늘을 이용해서 신축성 있게 코막음 하는 방법Sewn bind-off [짐머만식 마무리법]

1 마무리할 단 길이의 약 3~4배 정도의 실을 남긴 후에 실을 자른 후, 돗바늘에 실꼬리를 연결합니다.

2 첫 번째 코와 두 번째 코에 돗바늘을 안뜨기하듯이 동시에 통과시킵니다.

3 첫 번째 코에 돗바늘을 겉뜨기 방향으로 통과시키며 바늘에서 코를 뺍니
   다(1코 코막음된 상태).

4 1과 2를 반복해서 모든 코를 코막음합니다.

✕ 실 정리하기 ✕

코막음이 모두 끝난 후에 돗바늘에 남아 있는 실 꼬리를 끼웁니다.

편물을 뒤집어서 안면의 세로로 만들어진 겉뜨기 단(겉면의 안뜨기 부분)을
따라서 사진과 같이 돗바늘을 통과시킵니다.

돗바늘을 빼면, 실 꼬리가 정리됩니다. 길게 남은 실 꼬리는 가위로 잘라주면
됩니다.

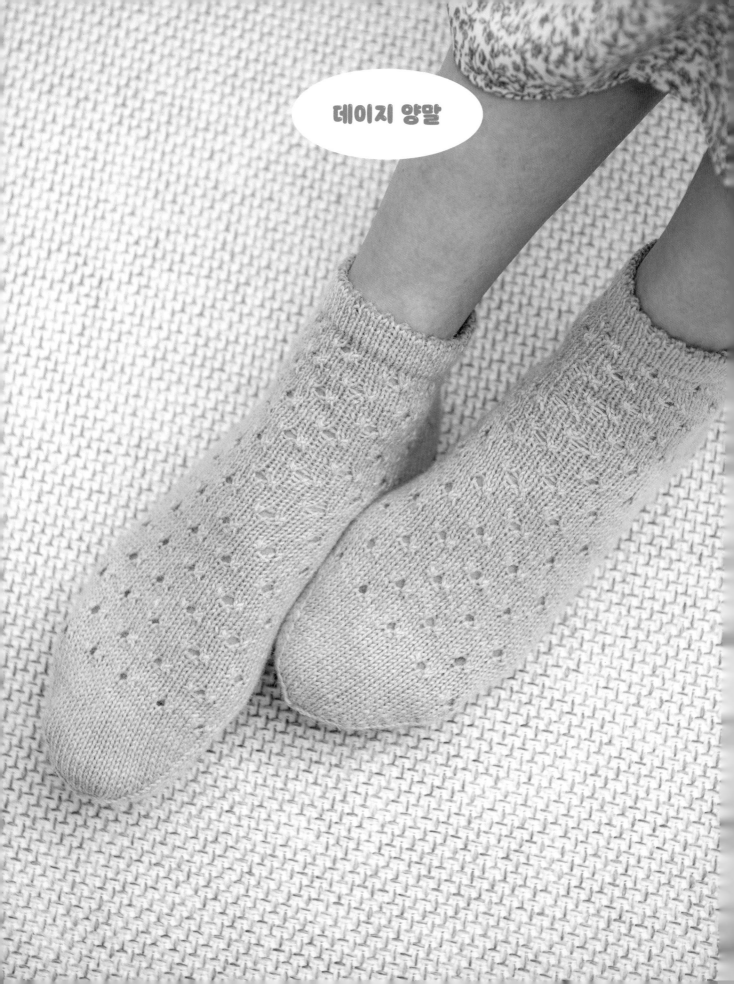
데이지 양말

데이지 양말은 데이지 꽃이 피는 5월의 봄을 담은 단목 기장의 양말입니다. 구멍이 송송 뚫린 것처럼
보이는 아일릿 무늬와 새순이 돋아나는 것을 연상시키는 피콧 배색단이 포인트인 양말로, 봄과 여름
사이에 피는 데이지 꽃처럼 간절기에 신기 좋도록 디자인했습니다. 데이지 양말은 발목부터 뜨는
커프다운 방식으로 뜨고, 발뒤꿈치는 독일식 경사뜨기로 만듭니다.

| 완성 사이즈 | M (L) |

가볍게 블로킹한 상태에서, 양말의 발 둘레 약 18 (21)cm, 발 길이 24.5 (25.5)cm.

235mm 이하의 사이즈로 뜰 경우, M 사이즈대로 뜨다가 양말의 발 길이만 조절하거나,
한 사이즈 작은 2.25mm 대바늘을 사용해 M 사이즈로 뜨는 것을 추천합니다.

사진은 M 사이즈 양말입니다.

실

오팔 Uni 4ply (75% 버진 울, 25% 폴리아미드. fingering weight. 425m/100g)
바탕색실 : 5186 1(1)
배색실 : 1990 약 5g 사용

게이지

8코 × 11단 = 사방 2.5cm, 가볍게 블로킹한 상태에서 메리야스 뜨기 기준

바늘

2.5mm 80cm 이상의 줄바늘/장갑바늘. 또는 게이지에 맞는 바늘 사이즈

× 다리 ×

배색실을 이용해 옛 노르웨이 방식 코잡기로 60 (72)코를 만든다. 단이 꼬이지 않도록 주의하면서
바늘에 실을 고르게 나눈 후, 마지막 코와 시작코를 연결해 원통뜨기를 시작한다.
마지막 코와 시작코 사이에 마커를 끼워서 단의 시작점을 표시해둔다
(특별한 언급이 없는 한 단의 시작점을 표시하는 마커는 뜨는 방향에 맞게 옮겨줍니다).

겉뜨기를 8단 진행한다.
피코 무늬 단 : [바늘 비우기, 왼코 모아뜨기] 끝까지 반복.

피코 끝단 뜨는 법에 대하여

피코 단을 뜨는 정석의 방법은 풀어내는 코를 만든 후에 도안에서 제시된 튜토리얼과 동일하게 진행한 후에, 풀어내는
코잡기의 코를 풀어서 바늘에 끼운 후에 단을 합쳐서 뜨는 것입니다. 저는 이 과정이 좀 번거롭다고 생각해서 다소 변형
된 방식으로 피코 무늬 단을 만듭니다. 만약 이 방식으로 뜨는 게 어렵다고 생각한다면, 풀어내는 코 만들기 방식으로
코를 만든 후에, 단을 합치는 부분에서 코 잡은 단의 풀어내는 코를 대바늘로 옮긴 후에 단을 합쳐서 뜨면 됩니다.

(Technique) 피코 무늬 단 뜨는 법

피코 단 뜨는 법

1 바늘 비우기는 원래 바늘에 실을 1회 감는 것입니다. 레이스뜨기를 할 때
에는 그 다음 코를 겉뜨기 계열로 뜨는 경우 사진과 같이 실을 안뜨기 방
향으로 바꾸는 방식으로 바늘 비우기를 대체해서 뜰 수 있습니다(이렇게
뜨는 게 더 간편하기 때문입니다).

2 이렇게 실을 안뜨기할 때의 위치에 둔 상태에서 그 다음 코를 동시에 겉
뜨기(왼코 모아뜨기)합니다. [바늘 비우기 1, 왼코 모아뜨기]를 반복하면
이런 식으로 떠집니다.

배색실을 끊고 바탕색실을 연결해서,

겉뜨기를 8단 진행한다.

다음 단 : 피코 무늬 단을 중심으로 배색실로 뜬 단을 안쪽으로 접어 넣은 후, [코 잡은 단에서 1코를 끌어올려

왼쪽 바늘에 끼우기, 그 다음 코와 함께 왼코 모아뜨기] 끝까지 반복.

피코 단 접는 법

바탕색실로 겉뜨기 8단을 진행한 상태입니다. 이 상태에서 배색실로 떠진 단을 안쪽 면으로 접어 넣습니다.

사진과 같이 편물이 보이도록 둡니다.

1 코 잡은 단의 제일 아래쪽에 걸쳐진 실을 오른쪽 바늘 끝을 이용해서 사진과 같이 끌어올린 후 왼쪽 바늘에 끼웁니다.

주의! 반드시 1코에서 1개의 실을 끌어올려야 합니다.

2 끼워진 코를 그 다음 코와 함께 왼코 모아뜨기 방식으로 동시에 겉뜨기 합니다.

3 1~2의 과정을 반복하면 피코 무늬 단이 편물의 안면에 고정되어서 단이 접히게 됩니다.

4 피코 무늬 접는 단을 끝낸 상태 피코 끝단이 완성되었습니다.

다음 단부터는 양말의 다리 부분을 뜨기 시작한다.

겉뜨기를 2단 진행한다.

아일릿 1단 : [겉 1, 오른코 모아뜨기, 바늘 비우기 2회, 왼코 모아뜨기, 겉 1] 10 (12)회 반복.

아일릿 2단 : [겉 3, 꼬아뜨기 1, 겉 2] 10 (12)회 반복.

아일릿 3~6단 : 겉.

아일릿 7단 : 바늘 비우기 2회, 왼코 모아뜨기, [겉 2, 오른코 모아뜨기, 바늘 비우기 2회, 왼코 모아뜨기]
반복하다가 4코 남았을 때, 겉 2, 오른코 모아뜨기.

아일릿 8단 : 마커 빼기, 겉 1, 마커 끼우기(단의 시작점을 1코 이동한 상태가 됨), [꼬아뜨기 1, 겉 5] 끝까지 반복.

아일릿 9~12단 : 겉.

아일릿 1~12단을 1회 더 반복해서 양말의 다리 길이가 약 8cm가 되도록 한다.

또는 원하는 다리 길이가 될 때까지 아일릿 1~12단을 더 반복한다.

다음 단 : 겉 30 (36), [겉 1, 오른코 모아뜨기, 바늘 비우기 2회, 왼코 모아뜨기, 겉 1] 5 (6)회 반복.

다음 단 : 겉 30 (36), [겉 3, 꼬아뜨기, 겉 2] 5 (6)회 반복.

× 발뒤꿈치 ×

첫 30 (36)코는 발뒤꿈치가 되고 나머지 30 (36)코는 발등이 된다.

발뒤꿈치 경사뜨기는 첫 30 (36)코만 가지고 평면으로 뜬다.

데이지 양말의 발뒤꿈치는 독일식 경사뜨기로 만든다.

첫 번째 발뒤꿈치 경사뜨기

경사뜨기 1단(겉면) : 겉 30 (36), 편물 뒤집기.

경사뜨기 2단(안면) : DS, 끝까지 안뜨기, 편물 뒤집기.

경사뜨기 3단(겉면) : DS, 전단의 경사뜨기(DS)한 코 전까지 겉뜨기, 편물 뒤집기.

경사뜨기 4단(안면) : DS, 전단의 경사뜨기(DS)한 코 전까지 안뜨기, 편물 뒤집기.

경사뜨기 3~4단을 8 (10)회 더 반복한다.

(Technique) **독일식 경사뜨기(DS) 뜨는 법**

안뜨기 면에서 독일식 경사뜨기 하는 법

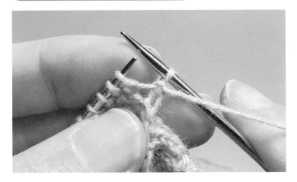

실을 안뜨기 방향으로 둔 상태에서 1코를 사진과 같이 안뜨기하듯 걸러뜨기합니다.

실을 편물의 뒤쪽으로 단단하게 잡아당깁니다(코의 아래쪽 실이 당겨지면서 사진처럼 실이 끌려 올라가게 됩니다).

실을 안뜨기 방향으로 옮겨준 후에 옆쪽의 코를 안뜨기합니다. 오른쪽 바늘의 가장 오른쪽에 2코처럼 보이는 코가 독일식 경사뜨기(DS)로 만들어진 코입니다.

독일식 경사뜨기(DS)로 만들어진 코는 2코처럼 보이지만 1코로 칩니다. 경사뜨기를 하는 과정에서 코가 늘어나거나 줄어들지 않는다는 점에 주의합니다.

겉뜨기 면에서 독일식 경사뜨기 하는 법

실을 안뜨기 방향으로 둔 상태에서 경사뜨기할 코를 안뜨기하듯이 오른쪽 바늘로 옮깁니다(걸러뜨기).

이 상태에서 뜨고 있는 실을 편물의 뒤쪽으로 단단하게 잡아 당깁니다.

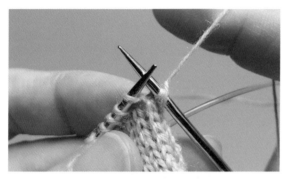

실을 잡아당기면 코 아래쪽의 실이 끌려 올라가면서 사진과 같은 모양으로 바뀌게 됩니다. 겉뜨기 면에서는 따로 실 위치 조정 없이 그 다음 코를 겉뜨기하면 됩니다(따라서 겉뜨기 면에서 만들어진 독일식 경사뜨기 코가 더 타이트하게 떠지는 경향이 생깁니다).

이 코는 2코로 늘어난 것처럼 보이지만 1코로 봅니다. 이 코의 모양이 마치 걸러뜨기한 후 바늘 비우기한 것과 같아서 독일식 경사뜨기를 영문 뜨개 약어 yosl로 표기하는 경우도 있습니다.

TIP M사이즈 양말 기준 첫 번째 경사뜨기가 끝난 상태의 편물 모양

바늘 양 끝의 대각선 형태로 만들어진 2코씩 겹쳐진 것으로 보이는 코가 독일식 경사뜨기로 만들어진 코입니다. 발뒤꿈치 경사뜨기에서는 경사뜨기한 코가 연속으로 있도록 떠져야 합니다.

다음 단(겉면) : DS, (여기까지 뜨면 바늘 중앙에 10 (12)코 그 옆으로 경사뜨기한 코가

각각 10 (12)코가 있는 상태가 됨), 단의 시작점까지 겉뜨기.

이때, 경사뜨기한 코가 나오면 경사뜨기한 코를 정리(kDS)한다.

두 번째 발뒤꿈치 경사뜨기

다음 단(경사뜨기 1단) : 겉 21 (25)**(이때, 경사뜨기한 코가 나오면 경사뜨기한 코를 정리(kDS)한다)**, 편물 뒤집기.

경사뜨기 2단(안면) : DS, 안 11 (13), 편물 뒤집기.

경사뜨기 3단(겉면) : DS, 전단의 경사뜨기한 코까지 겉뜨기, kDS, 겉 1, 편물 뒤집기.

경사뜨기 4단(안면) : DS, 전단의 경사뜨기한 코까지 안뜨기, pDS, 안 1, 편물 뒤집기.

경사뜨기 3~4단을 8 (10)회 더 반복한다.

다음 단(겉면) : DS(여기까지 뜨면 바늘 중앙에 28 (34)코가 있고,

양 끝에 경사뜨기한 코가 각각 1코씩 있는 상태가 됨),

단의 시작점까지 겉뜨기(경사뜨기한 코는 특별한 언급이 없어도 kDS의 방식으로 경사뜨기한 코를 정리합니다)

다음 단부터는 원통뜨기를 시작한다.

(Technique) 경사뜨기한 코를 정리하는 법 k(p)DS

2겹으로 만들어진 독일식 경사뜨기로 만들어진 코의 실 2가닥이 모두 걸리도록 오른쪽 바늘을 찔러 넣습니다(안면에서도 동일함).

2코를 동시에 겉뜨기합니다(안면에서 뜰 경우 2코를 동시에 안뜨기합니다). 경사뜨기한 코를 정리한 후에는 뜨고 있는 실을 잡아당겨서 코와 코 사이에 실이 늘어지지 않도록 합니다. 실이 늘어지면 완성 후 편물이 벌어집니다.

✕ 발 ✕

겉뜨기를 2단 진행한다.

다음 단 : 겉 30 (36), 마커 끼우기, 차트 A의 1단에 맞춰 아일릿 무늬를 뜬다.

첫 30 (36)코는 발바닥 부분으로 겉뜨기를 하고, 나머지 30 (36)코는 발등 부분으로

차트 A의 1단부터 시작해서 아일릿 무늬를 뜨기 시작한다.

발바닥은 겉뜨기, 발등은 아일릿 무늬를 유지하며 원하는 발 길이에서 약 5 (5.5)cm가 덜 될 때까지 곧게 뜬다.

차트 A의 5단 또는 6단 또는 11단 또는 12단에서 끝낸다.

차트 A

발등 아일릿 차트

· 빨간 상자 부분을 총4(5)회 반복.
· 차트는 매단 오른쪽에서
  왼쪽으로 읽습니다.

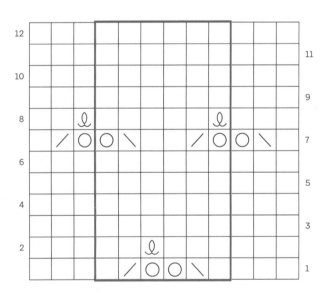

□ 겉뜨기	＼ 오른코 모아뜨기	ℓ 꼬아뜨기
☐ 바늘 비우기	／ 왼코 모아뜨기	

✳ 발가락 ✳

다음 단(줄임 단) : [겉 1, 오른코 모아뜨기, 다음 마커 전 3코 남을 때까지 겉뜨기, 왼코 모아뜨기, 겉 1] 2회 반복.

겉뜨기 2단 진행 후, 줄임 단을 진행한다.

겉뜨기 1단 진행 후, 줄임 단을 진행하는 방식으로 2단마다 줄이기를 7 (8)회 반복한다. — 24 (32)코가 됨.

줄임 단을 4 (6)회 반복한다. — 8 (8)코가 됨.

✳ 마무리하기 ✳

마커를 모두 제거한 후, 실 꼬리를 약 10cm 정도 남겨서 실을 자른다.

돗바늘에 실 꼬리를 꿰어서 남아 있는 코를 통과시킨 후,

단단히 잡아 당겨서 마무리한다(잡아 당겨 마무리하는 법은 48쪽 참고).

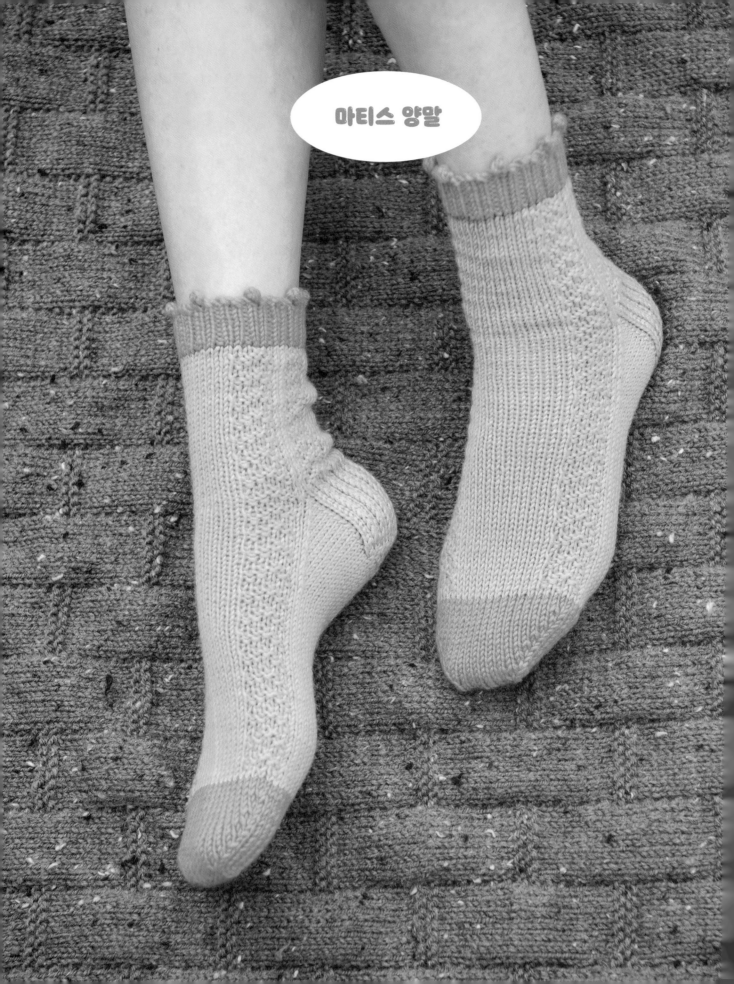

마티스 양말

손뜨개 양말은 어떤 색 조합이든 각자의 취향에 맞춰 뜰 수 있습니다. 좋아하는 색을 사용해서
좋아하는 색상의 양말을 뜰 수 있어요. 대담한 원색을 사용해서 그림을 통해 자신의 개성을 나타내고
스스로를 표현하려고 했던 화가 마티스처럼. 마티스 양말을 통해 개성 넘치는 세상에 하나뿐인 양말을
만들어보세요. 마티스 양말은 8ply 굵기 실로 숭덩숭덩 뜨기 때문에 부담 없이 쉽고 빠르게 뜰 수
있어요. 틀에서 벗어난 자유로움을 표현하는 발목단의 귀여운 방울 무늬와 안뜨기와 겉뜨기를 이용한
양말의 건지 무늬가 포인트입니다.

완성 사이즈	S, (M, L) 가볍게 블로킹한 상태에서, 양말의 발 둘레 약 16.5 (19, 21.5)cm, 발 길이 23 (24.5, 26)cm 사진은 M 사이즈의 양말입니다.
실	빈센트 리치 시그니처 (90% 울, 10% 아크릴. DK 굵기(8ply). 188m/75g) 바탕색실 : 840(블루 스카이) 1 (1, 1)볼, 배색실1 : 816(오렌지) 1/3 (1/3, 1/3)볼 배색실2 : 827(올리브 그린) 약 10g 사용
게이지	6코 × 7.5단 = 사방 2.5cm, 가볍게 블로킹한 상태에서 원통 메리야스 뜨기 기준
바늘	3mm, 80cm 이상의 줄바늘/장갑바늘. 또는 게이지에 맞는 바늘 사이즈
준비물	돗바늘과 마커 2개가 필요합니다.

NOTE	· 동일한 실을 이용해서 2.75mm 대바늘을 이용해 도안 그대로 뜨되, 발 길이를 조절하면 아동용 사이즈로
	  완성할 수 있습니다. S 사이즈에 맞춰 2.75mm 대바늘을 사용해서 뜨면 200mm 빌 사이즈의 어린이 양말로
	  완성 가능합니다.
	· 아동용으로 뜰 경우 게이지 : 7코 × 8단 = 사방 2.5cm 기준
	· 사용한 실 색 : 바탕색실 – 838(앨리스 블루), 배색실1-820(파이어브릭), 배색실2-868(차콜)

× 다리 ×

배색실1을 이용해 케이블 코잡기 방식 cable cast-on 으로 코를 만든다.

5코 만들기, 방울뜨기, [7코 만들기, 방울뜨기] 6 (7, 8)회 반복, 2코 만들기.
— 총 42 (48, 54)코가 됨.

Technique 케이블 코잡기 방식으로 코 만드는 법

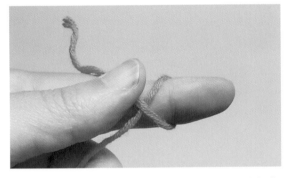

1 실 꼬리를 약 10cm 정도 남긴 상태에서 매듭코를 하나 만듭니다. 바늘에 매듭코를 끼웁니다.

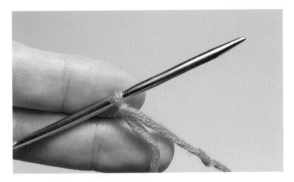

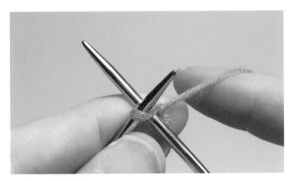

2 실을 당겨서 바늘에 매듭코가 고정되게 합니다.

3 매듭코를 이용해 겉뜨기합니다.

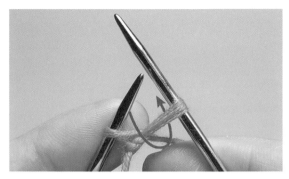

4 겉뜨기를 해서 오른쪽 바늘에 만들어진 코의 앞쪽 실을 왼쪽 바늘의 뒤쪽으로 걸리도록 해서 옮깁니다.

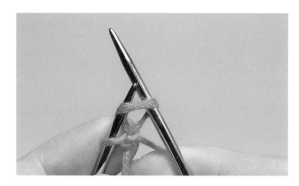

5 이렇게 왼쪽 바늘에 코를 옮기면, 2코를 만든 상태가 됩니다(코의 방향을 뒤집어서 앞쪽 실이 왼쪽 바늘의 뒤쪽으로 걸려서 꼬아지게 만들어야 함).

6 사진과 같이 왼쪽 바늘의 코와 코 사이에 오른쪽 바늘을 찔러 넣은 후 오른쪽 바늘에 겉뜨기하듯 실을 걸어줍니다.

7 그 상태에서 실을 끌어당겨서 사진과 같은 상태를 만든 후에 오른쪽 바늘에 걸린 코의 앞쪽 실을 왼쪽 바늘의 뒤쪽에 끼웁니다(4번과 동일한 방식).

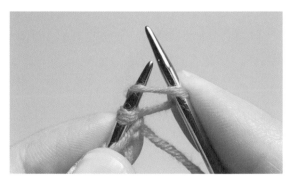

8 겉뜨기한 코가 왼쪽 바늘로 옮겨진 상태. 1코를 더 만든 상태가 됩니다.

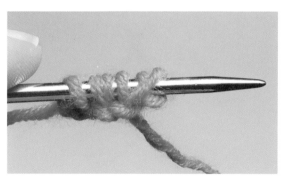

9 6~8을 반복해 도안에서 제시한 숫자만큼 코를 만듭니다.

방울뜨기

왼쪽 바늘의 마지막 코를 가지고 1코 늘리기를 2회 반복한다. — 4코가 됨.

오른쪽 바늘의 4코를 왼쪽 바늘로 옮긴 후, 겉 4.

오른쪽 바늘의 4코 중 가장 왼쪽에 있는 코를 기준으로 두 번째, 세 번째, 네 번째 코를 첫 번째 코에 덮어씌운다.

왼쪽 바늘의 1코를 오른쪽 바늘로 옮겨서 두 번째 코를 첫 번째 코에 덮어씌운다.

오른쪽 바늘의 1코를 왼쪽 바늘로 옮긴다.

(Technique) 코잡는 단에서 방울 뜨기 하는 법

1 왼쪽 바늘의 1코를 이용해, 겉 1을 진행합니다. 이때 왼쪽 바늘에서 코를 빼지 않습니다.

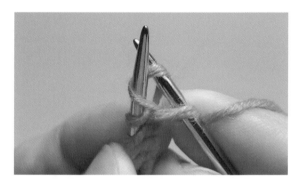

2 왼쪽 바늘에 방금 겉뜨기를 한 코의 뒤쪽 실에 오른쪽 바늘을 걸어 겉 1을 진행합니다(=꼬아뜨기).

3 겉 1, 꼬아뜨기 1이 끝난 상태. 왼쪽 바늘에서 겉 1, 꼬아뜨기 1한 코를 제거하지 않은 상태를 유지하며 **1~2**를 1회 더 반복합니다.

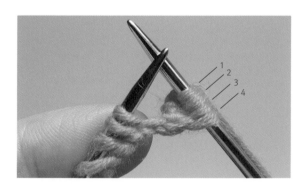

4 1코가 4코로 늘어난 상태가 됩니다.

Chapter 2

5 왼쪽 바늘의 뾰족한 끝을 이용해 2번, 3번, 4번 코를 차례대로 1번 코에 덮어 씌웁니다.

6 덮어 씌우기를 해서 1코로 줄어든 상태.

7 왼쪽 바늘의 1코를 오른쪽 바늘로 옮긴 후, 두 번째 코를 첫 번째 코에 덮어 씌웁니다.

8 덮어씌우기가 끝난 상태. 오른쪽 바늘에 남아 있는 1코를 왼쪽 바늘로 옮깁니다. 코 만들기를 계속 이어서 진행합니다.

코 만들기가 모두 끝난 상태(M 사이즈 기준)

단이 꼬이지 않도록 주의하면서 바늘에 코를 고르게 분산시킨 후, 원통뜨기를 시작한다.
단의 시작점을 표시하기 위해 마지막 코와 첫 코 사이에 마커를 끼운다. 단의 시작점을 표시하는 마커는
특별한 언급이 없어도 단이 바뀔 때마다 항상 옮겨가며 뜬다.

발목 1단 : 겉 1, 안 1, 꼬아뜨기 1, [겉 1, 안 1, 겉 2, 안 1, 꼬아뜨기 1] 6 (7, 8)회 반복, 겉 1, 안 1, 겉 1.
발목 2단 : [겉 1, 안 1, 겉 1] 끝까지 반복.
발목 2단을 6 (7, 8)회 더 반복한다.

(무늬 차트)

· 5코 : 4단 반복 무늬

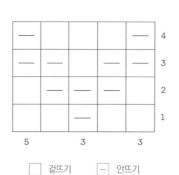

□ 겉뜨기   — 안뜨기

배색실 1을 끊고
바탕색실로 바꿔서, 겉뜨기를 1단 진행한다.
다음 단 : [겉 1, 무늬차트의 1단에 맞춰 5코 뜨기, 겉 9 (12, 15), 무늬 차트의 1단에 맞춰 5코 뜨기, 겉 1] 2회 반복.

위와 같이 무늬 차트에 해당하는 부분은 무늬 차트에 맞춰 진행하고,
나머지 부분은 모두 겉뜨기하는 방식으로 패턴을 유지하면서 코 잡은 단으로부터 잰 양말의 길이가
10 (11, 12)cm가 될 때까지, 혹은 원하는 다리 길이가 될 때까지 곧게 뜬다.

아동용 사이즈로 뜰 경우 양말의 다리 길이가 약 8~9cm 정도가 될 때까지 뜹니다.

× 발뒤꿈치 ×

바탕색실을 끊지 않은 상태에서, 배색실2를 연결한다. 편물을 뒤집는다.

S (L) 사이즈

다음 단(안면) : 안 21 (27).

M 사이즈

다음 단(안면) : 안 12, 안뜨기로 1코 만들기, 안 12. — 25코가 됨.

발뒤꿈치는 배색실2로 뜬 21 (25, 27)코를 가지고 평면으로 뜬다. 나머지 21 (24, 27)코는 발등 부분이 된다.

발뒤꿈치 단

뒤꿈치 1단(겉면) : [걸러뜨기 1, 겉 1] 반복하다가 마지막 1코는 겉 1.

뒤꿈치 2단(안면) : 걸러뜨기 1, 끝까지 안뜨기.

뒤꿈치 1~2단을 11 (12, 13)회 더 반복한다.

뒤꿈치 바닥

경사뜨기 1단 (겉면) : 걸러뜨기 1, 겉 11 (13, 15), 오른코 모아뜨기, 겉 1, 편물 뒤집기.

경사뜨기 2단 (안면) : 걸러뜨기 1, 안 4 (4, 6), 안뜨기로 2코 모아뜨기, 안 1, 편물 뒤집기.

경사뜨기 3단 : 걸러뜨기 1, 겉뜨기하다가 전 단과 단 차이가 나기 전 1코 남았을 때, 오른코 모아뜨기, 겉 1, 편물 뒤집기.

경사뜨기 4단 : 걸러뜨기 1, 안뜨기하다가 전 단과 단 차이가 나기 전 1코 남았을 때, 안뜨기로 2코 모아뜨기, 안 1, 편물 뒤집기.

경사뜨기 3~4단을 2 (3, 3)회 더 반복한다. — 13 (15, 17)코가 됨.

배색실2를 끊는다. 다음 단부터는 바탕색실을 이용해 원통 뜨기를 시작한다.

바탕색실이 있는 단의 시작점에서 거짓 만들기를 시작한다.

단의 시작점 ——

TIP

뒤꿈치 바닥이 끝난 상태에서 거싯 만들기는
바탕색실이 연결되어 있는 부분부터 시작합니다.
줄바늘을 사용해 매직루프 방식으로 뜰 경우 뜨는
방향에 맞게 코를 바늘에서 옮겨주세요.

거싯 만들기

다음 단 : 발등 부분의 21 (24, 27)코를 패턴에 맞춰서 진행, 마커 끼우기,

발뒤꿈치 단의 왼쪽 가장자리 솔기를 따라 겉뜨기로 12 (13, 14)코 줍기

(각 단의 가장자리에 걸러뜨기 한 부분에서 꼬아뜨기로 1코씩 줍기),

발바닥 부분은 모두 겉뜨기(이때, M 사이즈는 발바닥의 중앙부분에서 1코를 줄인다),

발뒤꿈치 단의 오른쪽 가장자리 솔기를 따라 겉뜨기로 12 (13, 14)코 줍기

(각 단의 가장자리에 걸러뜨기 한 부분에서 꼬아뜨기로 1코씩 줍기),

단의 시작점을 표시한 마커 옮기기. — 58 (64, 2)코가 됨.

발뒤꿈치 단 솔기에서 코 줍는 법 57쪽 참고

다음 단(줄임단) : 패턴을 유지하며 21 (24, 27)코 진행, 첫 번째 마커 옮기기, 오른코 모아뜨기,

겉뜨기 하다가 다음 마커 전 2코 남았을 때, 왼코 모아뜨기, 마커 옮기기.

다음 단 : 패턴에 맞춰서 21 (24, 27)코 진행, 끝까지 겉뜨기.

마지막 2단을 7 (7, 8)회 더 반복한다. — 총 42 (48, 54)코가 됨.

× **발** ×

발등 부분은 패턴을 유지하고, 발바닥 부분은 겉뜨기를 하면서 발뒤꿈치 바닥 중앙 부분부터 잰

양말의 발 길이가 원하는 발 길이보다 4.5 (5, 5)cm가 덜 될 때까지 곧게 뜬다.

✕ 발가락 ✕

바탕색실을 끊고,

배색실 1을 연결해서, 겉뜨기를 3단 진행한다.

다음 단(줄임 단) : 겉 1, 오른코 모아뜨기, 겉뜨기하다가 첫 번째 마커 전 3코 남았을 때,

왼코 모아뜨기, 겉 1, 첫 번째 마커 옮기기, 겉1, 오른코 모아뜨기,

겉뜨기 하다가 다음 마커 전 3코 남았을 때, 왼코 모아뜨기, 겉 1. — 4코 줄어듦.

겉뜨기를 2단 진행 후, 줄임 단을 진행한다.

[겉뜨기를 1단 진행한 후, 줄임 단 진행] 4 (5, 6)회 반복. 줄임 단에서 끝낸다. — 18 (20, 22)코 남음.

✕ 마무리하기 ✕

실 꼬리를 약 20cm 정도 남겨서 실을 자른다.

첫 번째 마커를 기준으로 코를 두 개의 바늘에 각각 9 (10, 11)코가 되도록 분산시킨 다음,

마커를 모두 제거한다. 돗바늘을 이용해서 키치너 스티치로 꿰매서 마무리한다.

리틀 레이디 양말

리틀 레이디는 발목부터 뜨는 양말입니다. 원사이즈 도안이지만 신축성 있는 고무무늬로 되어 있어서
사이즈 조절이 가능합니다. 제라늄의 미니종인 리틀 레이디는 꽃이 작고 앙증맞은 것이 특징이라고
합니다. 리틀 레이디 양말은 리틀 레이디 제라늄의 작은 꽃잎들처럼 작고 앙증맞은 프릴 장식이 발목에
있는 양말입니다. 과하지 않은 프릴 장식으로 발목에 꽃이 핀 듯 여성스러우면서도 소녀가 된 듯한
기분을 느껴보세요.

완성 사이즈	여성용 가볍게 블로킹한 상태에서, 양말의 발 둘레 약 17cm, 발 길이 24.5cm 사진은 여성용 사이즈입니다. 신축성이 있는 패턴으로, 발 길이를 조절하는 것으로 완성 사이즈 조정이 가능합니다.
실	오팔 Uni 4ply (75% 버진 울, 25% 폴리아미드. fingering 굵기. 425m/100g) 바탕색실 : 5196 1볼 배색실 : 5191 소량 사용
게이지	8.5코 × 12단 = 사방 2.5cm, 가볍게 블로킹한 상태에서 메리야스 뜨기 기준
바늘	2.25mm 80cm 이상의 줄바늘/장갑바늘. 또는 게이지에 맞는 바늘 사이즈

× 다리 ×

배색실을 이용해 일반적인 코잡기로 150코를 만든다(코 만드는 법 184쪽 참고).

단이 꼬이지 않도록 주의하면서 바늘에 코를 고르게 분산시킨 후,
마지막 코와 첫 코를 연결해 원통뜨기를 시작한다.
단의 시작점을 표시하는 마커를 마지막 코와 첫 코 사이에 끼운다.

배색실을 끊고,
바탕색실로 바꿔서 겉뜨기를 3단 진행한다.
다음 단 : [오른코 모아뜨기] 끝까지 반복. ― 75코가 됨.

겉뜨기 1단 진행.
다음 단 : [겉 5, 오른코 모아뜨기] 10회 반복, 겉 3, 오른코 모아뜨기. ― 64코가 됨.

고무무늬 단 : 안 1, 겉 2, 안 1, 겉 1, [안 1, 겉 2] 7회 반복, [안 1, 겉 1, [안 1, 겉 2] 3회] 2회 반복,
[안 1, 겉 1, [안 1, 겉 2] 2회] 2회 반복.

고무무늬 단을 반복해서 양말의 다리 길이가 약 8cm가 될 때까지 곧게 뜬다.
또는 원하는 다리 길이가 될 때까지 고무무늬 단을 반복한다.

다음 단 : 패턴에 맞춰 32코 진행, 나머지 32코는 발뒤꿈치로 뒤꿈치 단에 맞춰 평면으로 진행한다.

'패턴에 맞춰'는 전단에서 겉뜨기한 코는 겉뜨기, 안뜨기한 코는 안뜨기하는 것을 의미합니다.

× 발뒤꿈치 ×

발뒤꿈치 단

뒤꿈치 1단(겉면) : [걸러뜨기 1, 겉 1] 8회 반복, 걸러뜨기, 오른코 만들기,

[걸러뜨기 1, 겉 1] 반복하다가 1코 남았을 때 겉 1. ― 1코 늘어남.

뒤꿈치 2단(안면) : 걸러뜨기 1, 끝까지 안뜨기.

뒤꿈치 3단(겉면) : 걸러뜨기 1, 겉 1, [겉 1, 걸러뜨기 1] 반복하다가 3코 남았을 때 겉 3.

뒤꿈치 4단(안면) : 걸러뜨기 1, 끝까지 안뜨기.

뒤꿈치 5단(겉면) : [걸러뜨기 1, 겉 1] 반복하다가 1코 남았을 때 겉 1.

뒤꿈치 6단(안면) : 걸러뜨기 1, 끝까지 안뜨기.

뒤꿈치 3~6단을 7회 더 반복한다.

TIP

리틀 레이디 양말의 발뒤꿈치 단은 자고새의
눈 무늬로 되어있습니다. 자고새의 눈 무늬는
발 뒤꿈치 단의 겉면에서 걸러뜨기하는 위치를
교차해서 만드는 무늬입니다.

발뒤꿈치 바닥

경사뜨기 1단(겉면) : 걸러뜨기 1, 겉 19, 오른코 모아뜨기, 겉 1, 편물 뒤집기.

경사뜨기 2단(안면) : 걸러뜨기 1, 안 8, 안뜨기로 2코 모아뜨기, 안 1, 편물 뒤집기.

경사뜨기 3단(겉면) : 걸러뜨기 1, 겉뜨기하다가 전 단과 단 차이가 나기 전 1코 남았을 때,
오른코 모아뜨기, 겉 1, 편물 뒤집기.

경사뜨기 4단(안면) : 걸러뜨기 1, 안뜨기하다가 전 단과 단 차이가 나기 전 1코 남았을 때,
안뜨기로 2코 모아뜨기, 안 1, 편물 뒤집기.

경사뜨기 3~4단을 4회 더 반복한다. ─ 21코가 됨.

거싯 만들기

다음 단(겉면) : 걸러뜨기 1, 겉 9, 왼코 모아뜨기, 겉 9, 뒤꿈치 단의 왼쪽 가장자리 솔기를 따라
겉뜨기로 17코 줍기, 첫 번째 마커 끼우기, 다음 32코는 발등 부분으로 패턴을 유지하며 뜬 다음
(전 단에서 겉뜨기한 코는 겉뜨기, 안뜨기한 코는 안뜨기합니다), 두 번째 마커 끼우기,
뒤꿈치 단의 오른쪽 가장자리 솔기를 따라 겉뜨기로 17코 줍기,
단의 시작점을 표시하는 마커 끼우기. ─ 86코가 됨.

> 발등 부분에서는 특별한 언급이 없어도 이미 만들어놓은 고무 무늬 패턴을 유지하며 뜹니다.

다음 단(줄임 단) : 겉뜨기하다가 첫 번째 마커 전 3코 남았을 때, 왼코 모아뜨기, 겉 1, 마커 옮기기,
발등 32코 진행, 마커 옮기기, 겉 1, 오른코 모아뜨기, 끝까지 겉뜨기.

다음 단 : 첫 번째 마커까지 겉뜨기, 마커 옮기기, 발등 32코 진행, 마커 옮기기, 끝까지 겉뜨기.

마지막 2단을 10회 더 반복한다. ─ 64코가 됨.

⁎ 발 ⁎

발등은 고무무늬 패턴을 유지하고, 발바닥은 매단 겉뜨기를 하면서 곧게 뜨다가
발뒤꿈치 바닥 중앙 부분부터 잰 양말의 발 길이가 원하는 발 길이보다 5cm가 덜 되었을 때,
발가락 부분을 시작한다.

✻ 발가락 ✻

다음 단 : 단의 시작점을 표시한 마커까지 겉뜨기, 단의 시작점을 표시한 마커 제거하기,
첫 번째 마커까지 겉뜨기.
이제부터 첫 번째 마커가 단의 시작점이 된다.
발가락 1단 : 겉.
발가락 2단(줄임 단) : [겉 1, 오른코 모아뜨기, 겉뜨기하다가 다음 마커 전 3코 남았을 때,
왼코 모아뜨기, 겉 1, 마커 옮기기] 2회 반복. — 4코 줄어듦.

발가락 1~2단을 10회 더 반복한다. **줄임 단에서 끝냄**. — 20코가 됨.

✻ 마무리하기 ✻

실 꼬리를 약 20cm 정도 남겨서 실을 자른다. 두 개의 바늘에 각각 10코가 되도록 분산시킨 후
(첫 번째 마커와 두 번째 마커 사이의 10코가 한 바늘에 가도록 함), 마커를 모두 제거한다.
돗바늘을 이용해서 키치너 스티치로 꿰매서 마무리한다.

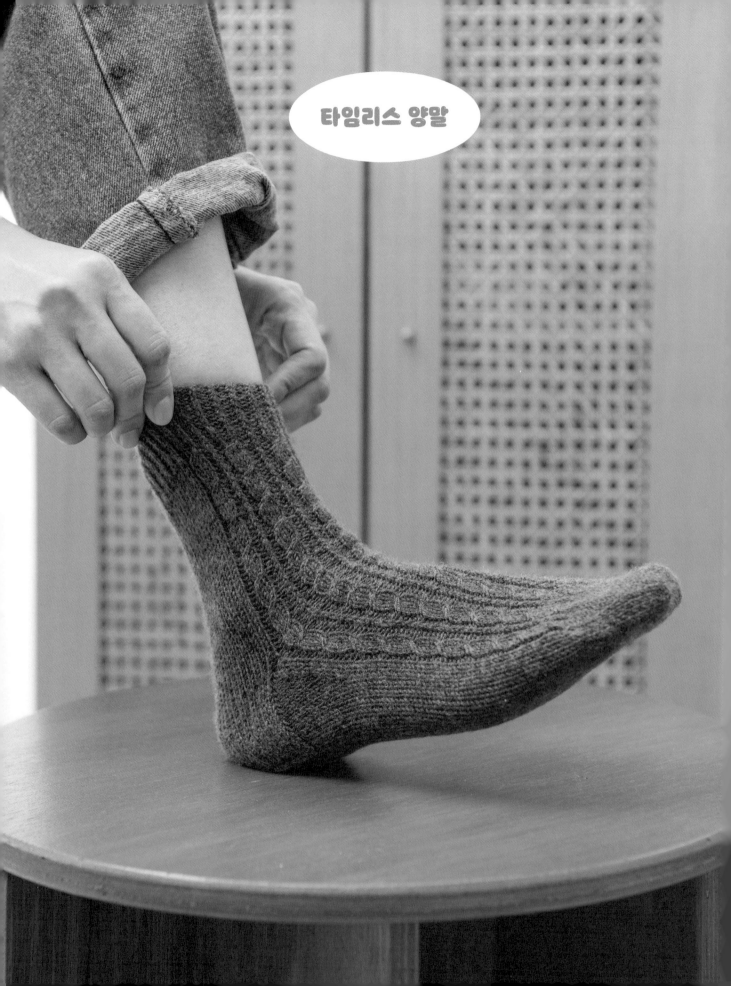

타임리스 양말은 클래식한 발등의 심플한 꽈배기 무늬가 포인트가 되는 양말입니다. 발목부터 발가락 쪽으로 떠 내려가는 방식의 양말로 발뒤꿈치 바닥은 더치힐^{Dutch heel}이라고 부르는 직사각형 형태로 되어 있는 게 특징입니다.

타임리스 양말의 꽈배기 무늬는 꽈배기 바늘 없이 뜰 수 있어요. 꽈배기 무늬 뜨기에 대한 부담없이 유행을 타지 않는 베이직한 스타일의 꽈배기 양말을 떠보세요.

완성 사이즈	1 (2) 가볍게 블로킹한 상태에서, 양말의 발 둘레 약 19 (21)cm, 발길이 24.5 (26.5)cm 사진은 1 사이즈(여성용) 양말입니다. 신축성이 있는 패턴으로, 발 길이를 조절하는 방식으로 완성 사이즈를 조정 가능합니다.
실	노빌 캐시미어 밀라노(80% 메리노 엑스트라 파인 뉴 울, 20% 캐시미어. sport 굵기. 175m/50g) 다크 그레이200 2 (2)볼
게이지	7코 × 8단 = 사방 2.5cm, 가볍게 블로킹한 상태에서 원통 메리야스 뜨기 기준
바늘	2.5mm 80cm 이상의 줄바늘/장갑바늘. 또는 게이지에 맞는 바늘 사이즈
준비물	마커 2개, 꽈배기 바늘(선택)과 돗바늘이 필요합니다.

타임리스 삭스

✕ **다리** ✕

옛 노르웨이 방식으로 60 (70)코를 만든다(옛 노르웨이 코잡기는 42쪽 참고).
단이 꼬이지 않도록 주의하면서 바늘에 실을 고르게 나눈 후, 마지막 코와 시작코를 연결해 원통뜨기를 시작한다.

발목 1단 : [안 1, 꼬아뜨기 1] 끝까지 반복.
발목 2단 : [안 1, 겉 1] 끝까지 반복.
발목 1~2단을 6 (6)회 더 반복해서 발목 단의 길이가 약 3cm가 될 때까지 뜬다.
또는 원하는 발목 단의 길이가 될 때까지 발목 1~2단을 반복한다.

다음 단 : [안 1, 겉 3, 안 1, 꼬아뜨기 1] 4 (5)회 반복, 안 1, 겉 3, 안 1, 겉 31 (35).
다음 단 : [안 1, 겉 3, 안 1, 겉 1] 4 (5)회 반복, 안 1, 겉 3, 안 1, 겉 31 (35)
다음 단 : 차트의 1단에 맞춰 29 (35)코 진행, 겉 31 (35)
첫 29 (35)코는 꽈배기 무늬 차트에 맞춰서 뜨고 나머지 31 (35)코는 겉뜨기를 하면서
코 잡은 단부터 잰 양말의 다리 길이가 약 13 (15)cm가 될 때까지 곧게 뜬다.
또는 원하는 양말의 다리 길이가 될 때까지 무늬를 유지하면서 곧게 뜬다.

Chapter 2

꽈배기 차트

6단 반복무늬

· 차트에 빨간 색으로 표시
된 부분을 4 (5)회 반복한
후 나머지 5코를 뜹니다.

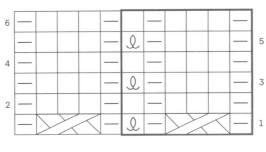

안뜨기   겉뜨기   꼬아뜨기

C2B1 : 2코를 꽈배기 바늘로 옮겨 편물의 뒤쪽으로 옮
긴 후, 겉 1, 꽈배기 바늘의 2코 겉뜨기

1   왼쪽 바늘의 3번 코를 먼저 겉뜨기합니다.

이런 식으로 왼쪽 바늘 앞쪽의 실에 오른쪽 바늘을 걸어서 겉뜨기를 합니다.

2   그 상태에서 1번 코를 겉뜨기하고 왼쪽 바늘에서 뺍니다.

3   2번 코를 겉뜨기하고 2, 3번 코를 왼쪽 바늘에서 빼면 C2B1 꽈배기가
    완성됩니다.

× 발뒤꿈치 ×

다음 단 : 꽈배기 차트에 맞춰 29 (35)코 진행, 나머지 31 (35)코는 발뒤꿈치가 될 부분으로
뒤꿈치 단을 이어서 진행한다. 발뒤꿈치 단은 나머지 31 (35)코만 이용해 **평면으로 뜬다.**

발뒤꿈치 단

발뒤꿈치 1단(겉면) : [걸러뜨기 1, 겉 1] 반복하다가 1코 남았을 때, 겉 1.

발뒤꿈치 2단(안면) : 걸러뜨기 1, 끝까지 안뜨기.

발뒤꿈치 1~2단을 13 (14)회 더 반복한다.

뒤꿈치 바닥

경사뜨기 1단(겉면) : [걸러뜨기 1, 겉 1] 11 (12)회 반복, 오른코 모아뜨기, 편물 뒤집기.

경사뜨기 2단(안면) : 걸러뜨기 1, 안 13 (13), 안뜨기로 2코 모아뜨기, 편물 뒤집기.

경사뜨기 3단(겉면) : [걸러뜨기 1, 겉 1] 7 (7)회 반복, 오른코 모아뜨기, 편물 뒤집기.

경사뜨기 4단(안면) : 걸러뜨기 1, 안 13 (13), 안뜨기로 2코 모아뜨기, 편물 뒤집기.

경사뜨기 3~4단을 6 (8)회 더 반복한다. ― 15 (15)코가 됨.

타임리스 양말의 발뒤꿈치 바닥은 사각형 형태로 만들어집니다. 이런 형태의 발뒤꿈치를
더치 힐dutch heel이라고 부릅니다. 더치 힐 형태로 뒤꿈치 바닥을 만들면 거싯의 크기가 작아집니다.

실을 끊고, 발등의 시작 부분에서 실을 연결해서 원통뜨기로 거싯 만들기를 시작한다.

거싯 만들기

다음 단 : 꽈배기 차트에 맞춰서 발등 29 (35)코 진행, 마커 끼우기,
뒤꿈치 단의 오른쪽 가장자리 솔기를 따라 겉뜨기로 15 (16)코 줍기, 뒤꿈치 바닥의 15 (15)코 겉뜨기,
뒤꿈치 단의 왼쪽 가장자리 솔기를 따라 겉뜨기로 15 (16)코 줍기,
단의 시작점을 표시하는 마커 끼우기. ― 74 (82)코가 됨.

다음 단(줄임 단) : 꽈배기 차트에 맞춰서 발등 29 (35)코 진행, 마커 옮기기, 겉 1,
오른코 모아뜨기, 겉뜨기하다가 3코 남았을 때, 왼코 모아뜨기, 겉 1.

다음 단 : 꽈배기 차트에 맞춰서 발등 29 (35)코 진행, 마커 옮기기, 끝까지 겉뜨기.

마지막 2단을 6 (5)회 더 반복한다. ― 60 (70)코가 됨.

✕ **발** ✕

패턴을 유지하면서(발등은 꽈배기 차트에 맞춰서 진행하고, 발바닥은 매단 겉뜨기)
발뒤꿈치 바닥 중앙 부분부터 잰 양말의 발 길이가 원하는 발 길이보다 5 (5.5)cm가 덜 될 때까지 곧게 뜬다
(꽈배기 차트의 2단 또는 3단에서 끝내는 것을 추천).

✕ **발가락** ✕

1 사이즈만
단의 마지막 코를 단의 첫 번째 코로 옮긴 후,
다음 단 : 오른코 모아뜨기, 겉뜨기하다가 마커 전 2코 남았을 때, 왼코 모아뜨기, 마커 빼기, 겉 1,
마커 끼우기, 끝까지 겉뜨기(첫 번째 마커를 기준으로 바늘에 각각 29코가 있는 상태)

모든 사이즈
다음 단 : 겉뜨기
다음 단(줄임 단) : [겉 1, 오른코 모아뜨기, 겉뜨기하다가 첫 번째 마커 전 3코 남았을 때,
왼코 모아뜨기, 겉 1, 마커 옮기기] 2회 반복.
마지막 2단을 8 (10)회 더 반복한다. **줄임 단에서 끝냄.** — 22 (26)코가 남음.

✕ **마무리하기** ✕

실 꼬리를 약 20cm 정도 남겨서 실을 자른다. 두 개의 바늘에 각각 11 (13)코가 되도록 분산시킨 후
(첫 번째 마커와 두 번째 마커 사이의 11 (13)코가 한 바늘에 가도록 함), 마커를 모두 제거한다.
돗바늘을 이용해서 키치너 스티치로 꿰매서 마무리한다.

블로썸 양말

블로썸 양말은 발목에서 떠서 내려가는 방식으로 뜨는 레이스 양말입니다. 꽃을 연상시키는 발등의
레이스 패턴을 중심으로 이루어진 양말입니다. 레이스 패턴은 신축성이 있어서 양말의 다리 부분과 발
길이를 조정해서 완성 사이즈를 조절할 수 있습니다.

블로썸 양말

완성 사이즈	여성용 M 가볍게 블로킹한 상태에서 양말의 발 둘레 약 19cm, 발 길이 24cm 레이스 패턴은 신축성이 있습니다. 양말을 더 작게 뜰 경우 발 길이를 짧게 뜨는 방식으로 사이즈 조절이 가능합니다.
실	에트로필 오가닉 코튼(100% 오가닉 코튼. 핑거링 굵기. 165m/50g) 006(코랄핑크) 2볼
바늘	2.75mm 80cm 줄바늘/장갑바늘. 또는 게이지에 맞는 바늘 사이즈
게이지	7코x8.5단=사방 2.5cm 가볍게 블로킹한 상태에서 메리야스 뜨기 기준
준비물	마커 1개와 돗바늘이 필요합니다.
NOTE	· 차트는 항상 오른쪽에서 왼쪽으로 읽습니다. · 레이스 무늬를 진행할 때 중간에 전체 콧수 자체가 줄어드는 부분이 있다는 점에 유의해주세요.

✳ 발 ✳

옛 노르웨이식 코잡기 방식으로 52코를 만든다(42쪽 참고).

단이 꼬이지 않도록 주의하면서 바늘에 코를 고르게 나눈 후, 첫 코와 마지막 코를 연결해 원통 뜨기를 시작한다.

고무무늬 1단 : [꼬아뜨기 1, 안 4, [꼬아뜨기 1, 안 1] 8회 반복, 꼬아뜨기 1, 안 4] 2회 반복

고무무늬 2단 : [겉 1, 안 4, [겉 1, 안 1] 8회 반복, 겉 1, 안 4] 2회 반복

고무무늬 1~2단을 5회 더 반복한다.

발목 고무무늬 단 차트

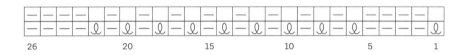

· 26코를 2회 반복

✳ 다리 ✳

레이스 차트에 맞춰(한 단에 차트를 2회 반복) 패턴의 1~16단을 총 2회 반복한 후,

1~8단을 뜬다(코를 잡은 단에서부터 잰 양말의 다리 길이가 약 13cm가 됨).

또는 원하는 다리 길이가 될 때까지 차트를 진행하다가 레이스 차트의 2번째 단 또는 8번째 단

또는 10번째 단 또는 16번째 단에서 끝낸다.

16단 반복무늬

- 겉뜨기
- 안뜨기
- ○ 바늘 비우기
- 코 아님
- / 왼코 모아뜨기
- \ 오른코 모아뜨기
- ⋏ 겉뜨기로 3코 모아뜨기
- ℓ 꼬아뜨기
- ⅄ 걸러뜨기2, 겉1, 걸러뜨기한 코를 겉뜨기한 코에 덮어 씌우기 2회

· 다리 부분에서는 차트의 26코를 2회 반복.
· 발등 부분에서는 빨간색 상자로 표시된 26코를 뜹니다.
· 차트는 항상 오른쪽에서 왼쪽으로 읽습니다.

✕ 발뒤꿈치 ✕

발뒤꿈치를 뜨기 위해 각 바늘에 코를 다음과 같이 나눈다.

첫 번째 바늘에 27코, 두 번째 바늘에 25코가 되도록 조정한다.

첫 번째 바늘에 있는 27코를 가지고 **발뒤꿈치를 평면으로 진행한다.** 나머지 25코는 발등 부분이 된다.

뒤꿈치 단

다음 단(겉면) : [걸러뜨기 1, 겉 1] 반복하다가 마지막 1코 남았을 때 겉 1, 편물 뒤집기.

다음 단(안면) : 걸러뜨기 1, 안뜨기, 편물 뒤집기.

위의 두 단을 12회 더 반복한다.

발뒤꿈치 바닥

경사뜨기 1단(겉면) : 걸러뜨기 1, 겉 15, 오른코 모아뜨기, 겉 1, 편물 뒤집기.

경사뜨기 2단(안면) : 걸러뜨기 1, 안 6, 안뜨기로 2코 모아뜨기, 안 1, 편물 뒤집기.

경사뜨기 3단(겉면) : 걸러뜨기 1, 겉 7, 오른코 모아뜨기, 겉 1, 편물 뒤집기.

경사뜨기 4단(안면) : 걸러뜨기 1, 안 8, 안뜨기로 2코 모아뜨기, 안 1, 편물 뒤집기.

경사뜨기 5단(겉면) : 걸러뜨기 1, 겉 9, 오른코 모아뜨기, 겉 1, 편물 뒤집기.

경사뜨기 6단(안면) : 걸러뜨기 1, 안 10, 안뜨기로 2코 모아뜨기, 안 1, 편물 뒤집기.

경사뜨기 7단(겉면) : 걸러뜨기 1, 겉 11, 오른코 모아뜨기, 겉 1, 편물 뒤집기.

경사뜨기 8단(안면) : 걸러뜨기 1, 안 12, 안뜨기로 2코 모아뜨기, 안 1, 편물 뒤집기.

경사뜨기 9단(겉면) : 걸러뜨기 1, 겉 13, 오른코 모아뜨기, 겉 1, 편물 뒤집기.

경사뜨기 10단(안면) : 걸러뜨기 1, 안 14, 안뜨기로 2코 모아뜨기, 안 1, 편물 뒤집기. ─ 17코가 됨.

거싯 만들기

다음 단(겉면) : 걸러뜨기 1, 겉 16, 뒤꿈치 가장자리 솔기를 따라 걸러뜨기한 코에서
1코씩 꼬아뜨기로 14코 줍기, 마커 끼우기, 그 다음 25코는 레이스 차트에 맞춰서 진행, 마커 끼우기,
남아 있는 뒤꿈치 가장자리 솔기를 따라 걸러뜨기한 코에서 1코씩 꼬아뜨기로 14코 줍기. ─ 70코가 됨.

단의 시작 부분을 표시하기 위해 마커를 끼운 후, 다음 단부터는 원통뜨기를 한다.

다음 단(줄임 단) : 겉뜨기하다가 첫 번째 마커 전 2코 남았을 때, 왼코 모아뜨기, 마커 옮기기,
레이스 패턴에 맞춰 25코 진행, 마커 옮기기, 오른코 모아뜨기, 끝까지 겉뜨기.

다음 단 : 첫 번째 마커까지 겉뜨기, 마커 옮기기, 레이스 패턴에 맞춰 25코 진행, 마커 옮기기, 끝까지 겉뜨기.

위의 두 단을 8회 더 반복한다. ─ 52코가 됨.

✕ 발 ✕

발바닥 부분은 겉뜨기를, 발등 부분은 레이스 패턴(레이스 차트의 빨간색 상자로 표시된 부분만)에 맞춰
발뒤꿈치부터 잰 양말의 길이가 원하는 발 길이에서 약 6cm가 덜 될 때까지 곧게 뜬다.
레이스 차트의 2번째 단 또는 8번째 단 또는 10번째 단 또는 16번째 단에서 끝낸다.
다음 단부터는 발가락 부분을 시작한다.

✕ 발가락 ✕

다음 단 : 첫 번째 마커 전 1코 남을 때까지 겉뜨기, 마커 끼우기(이 마커가 단의 새로운 시작점이 된다),
겉 1, 첫 번째 마커 빼기, 겉 5, 왼코 모아뜨기, 겉 11, 오른코 모아뜨기, 겉 5, 두 번째 마커 빼기,
겉 1, 마커 끼우기, 단의 새로운 시작점까지 겉뜨기(50코)
겉뜨기를 2단 진행한다.
다음 단(줄임 단) : [겉 1, 오른코 모아뜨기, 겉뜨기하다가 다음 마커 전 3코 남았을 때 왼코 모아뜨기,
겉 1, 마커 옮기기] 2회 반복. — 4코 줄어듦.

[겉뜨기 2단 진행 후, 줄임 단 진행]을 2회 반복한다. — 38코가 됨.
[겉뜨기 1단 진행 후 줄임 단 진행]을 5회 반복한다. — 총 18코가 됨.

✕ 마무리하기 ✕

실 꼬리를 약 20cm 정도 남겨서 실을 자른다. 두 개의 바늘에 각각 9코가 되도록 분산시킨 후
(첫 번째 마커와 두 번째 마커 사이의 9코가 한 바늘에 가도록 함), 마커를 모두 제거한다.
돗바늘을 이용해서 키치너 스티치로 꿰매서 마무리한다.
키치너 스티치 마무리하는 법 59쪽 참고

자작나무 양말

자작나무 양말은 얼룩덜룩한 자작나무의 껍질과 하얀 베이지 톤의 자작나무 숲에서 영감을 받아서
디자인한 심플한 레이스 패턴의 양말입니다. 발목부터 발가락으로 뜨는 방식의 양말도안으로, 쉽게 뜰
수 있는 레이스 패턴으로 되어 있습니다.

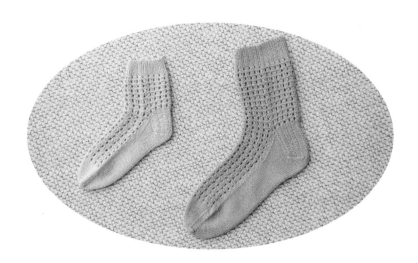

자작나무 양말

완성 사이즈	유아용 (아동용, 어른용 S, M, L)
	가볍게 블로킹한 상태에서 양말의 발 둘레 약 14 (15.5, 17, 19, 21)cm,
	발 길이 18 (20, 22.5, 24.5, 26.5)cm
	사진은 유아용과 어른용 M 사이즈 양말입니다.
실	빈센트 3p (95% 울, 5% 아크릴. 298m/60g) 앤틱 베이지 2769 1/2 (1, 1, 1, 1)볼
	유아용 사이즈는 그레이 스카이 스카이 블루2767 사용
게이지	9코 × 11단 = 사방 2.5cm, 가볍게 블로킹한 상태에서 원통 메리야스 뜨기 기준
바늘	2.25mm 80cm 줄바늘/장갑바늘. 혹은 게이지에 맞는 바늘 사이즈
준비물	여분의 바늘과 마커 3개가 필요합니다.

✕ 다리 ✕

옛 노르웨이 방식으로 48 (54, 60, 66, 72)코를 만든다(코 잡는 방법 참고 42쪽).
단이 꼬이지 않도록 주의하면서 바늘에 코를 고르게 분산시킨후, 원통 뜨기를 시작한다.

발목 단 : [겉 1, 안 1, 겉 1] 끝까지 반복.
발목 단을 11 (11, 13, 15, 15)단 더 진행한다. 또는 원하는 발목의 길이가 될 때까지 발목 단을 더 진행한다.

다음 단부터 레이스 패턴에 맞춰 뜨기 시작한다.

레이스 차트

3코 & 8단 반복 무늬

레이스 패턴
1단 : 겉뜨기.
2단 : [왼코 모아뜨기, 바늘 비우기, 겉 1] 끝까지 반복.
3단 : 겉뜨기.
4단 : 안뜨기.
5단 : 겉뜨기.
6단 : [겉 1, 바늘 비우기, 오른코 모아뜨기] 끝까지 반복.
7단 : 겉뜨기.
8단 : 안뜨기.

기호	설명
I	겉뜨기
−	안뜨기
/	왼코 모아뜨기
\	오른코 모아뜨기
O	바늘 비우기

코를 잡은 단으로부터 잰 양말의 길이가 8 (10, 12, 12, 14)cm가 될 때까지,
또는 원하는 양말의 다리 길이가 될 때까지 레이스 패턴을 유지하며 곧게 뜬다.
레이스 패턴의 3단 또는은 7단에서 끝낸다.

뒤꿈치를 뜨기 위해서 첫 번째 바늘에 24 (27, 30, 33, 36)코가 되도록 코를 재배치한다.
나머지 24 (27, 30, 33, 36)코는 발등부분이 된다.
뒤꿈치는 첫 번째 바늘에 있는 24 (27, 30, 33, 36)코를 **평면으로 뜬다**.

Chapter 2

✳ 뒤꿈치 단 ✳

뒤꿈치 1단(겉면) : 안 2, [겉 2, 안 1] 반복하다가 마지막 1코, 안 1.
뒤꿈치 2단(안면) : 안 2, [안 2, 겉 1] 반복하다가 마지막 4코, 안 4.
뒤꿈치 1~2단을 9 (11, 13, 14, 16)회 더 반복한다.

뒤꿈치 바닥

경사뜨기 1단(겉면) : 겉 13 (16, 17, 20, 23), 오른코 모아뜨기, 겉 1, 편물 뒤집기.
경사뜨기 2단(안면) : 걸러뜨기 1, 안 3 (6, 5, 8, 11), 안뜨기로 2코 모아뜨기, 안 1, 편물 뒤집기.
경사뜨기 3단(겉면) : 걸러뜨기 1, 겉뜨기하다가 전단과 단 차이가 나기 전 1코 남았을 때,
오른코 모아뜨기, 겉 1, 편물 뒤집기.
경사뜨기 4단(안면) : 걸러뜨기 1, 안뜨기하다가 전단과 단 차이가 나기 전 1코 남았을 때,
안뜨기로 2코 모아뜨기, 안 1, 편물 뒤집기.
경사 뜨기 3~4단을 3 (3, 4, 4, 4)회 더 반복한다. — 14 (17, 18, 21, 24)코가 됨.

거싯 만들기

다음 단 : 겉 14 (17, 18, 21, 24), 뒤꿈치 단의 왼쪽 가장자리 솔기를 따라 겉뜨기로 10 (12, 14, 15, 17)코 줍기
(각 단의 가장자리에 가터뜨기로 된 튀어나온 부분에서 꼬아뜨기로 1코씩 줍기),
마커 끼우기, 다음 24 (27, 30, 33, 36)코는 발등 부분으로 레이스 차트에 맞춰 뜨기, 마커 끼우기,
뒤꿈치 단의 오른쪽 가장자리 솔기를 따라 겉뜨기로 10 (12, 14, 15, 17)코 줍기
(각 단의 가장자리에 가터뜨기로 된 튀어나온 부분에서 꼬아뜨기로 1코씩 줍기),
단의 시작점을 표시하는 마커 끼우기. — 58 (68, 76, 84, 94)코가 됨.
가터 솔기에서 코 줍는 방법 118쪽 사진 참고.

뒤꿈치 단의 솔기 가장자리를 따라 만들어진 코의 튀어나온 부분을 따라서 1코씩 코줍기를 합니다.

이런 식으로 해당 위치에 왼쪽 바늘을 끼워둔 후에 겉뜨기를 하면 저절로 꼬아뜨기가 됩니다.

다음 단부터는 원통뜨기를 시작한다.

거싯 1단(줄임 단) : 겉뜨기하다가 첫 번째 마커 전 3코 남았을 때, 왼코 모아뜨기,
겉 1, 마커 옮기기, 레이스 패턴에 맞춰 발등 24 (27, 30, 33, 36)코 진행,
마커 옮기기, 겉 1, 오른코 모아뜨기, 끝까지 겉뜨기.
거싯 2단 : 첫 번째 마커까지 겉뜨기, 마커 옮기기, 레이스 패턴에 맞춰 발등 24 (27, 30, 33, 36)코 진행,
마커 옮기기, 끝까지 겉뜨기.
거싯 1~2단을 4 (6, 7, 8, 10)회 더 반복한다. ─ 48 (54, 60, 66, 72)코가 됨.

✕ 발 ✕

발바닥은 매단 겉뜨기, 발등은 레이스 패턴에 맞춰서 뜨는 방식으로 패턴을 유지하면서
발뒤꿈치 바닥 중앙 부분부터 잰 양말의 발 길이가 원하는 발 길이보다
4 (4, 5, 5.5, 6)cm가 덜 될 때까지 곧게 뜬다.
발등 부분 무늬를 기준으로 레이스 패턴의 3단 또는 7단에서 끝낸다.

✕ 발가락 ✕

다음 단 : 단의 시작점을 표시한 마커까지 겉뜨기, 단의 시작점을 표시한 마커 빼기, 첫 번째 마커까지 겉뜨기.
이제부터는 첫 번째 마커가 단의 시작점이 된다.
겉뜨기를 1단 진행한다.
다음 단(줄임 단) : [겉 1, 오른코 모아뜨기, 겉뜨기하다가 다음 마커 전 3코 남았을 때,
왼코 모아뜨기, 겉 1] 2회 반복.
겉뜨기를 2단 진행한 후, 줄임 단을 진행한다. ― 40 (46, 52, 58, 64)코가 됨.
[겉뜨기를 1단 진행한 후, 줄임 단 진행]을 6 (7, 8, 9, 10)회 반복한다.
줄임 단에서 끝냄. ― 16 (18, 20, 22, 24)코가 됨.

✕ 마무리하기 ✕

실 꼬리를 약 20cm 정도 남겨서 실을 자른다.
두 개의 바늘에 각각 8 (9, 10, 11, 12)코가 되도록 분산시킨 다음
(첫 번째 마커와 두 번째 마커 사이의 8 (9, 10, 11, 12)코가 한 바늘에 가도록 함),
마커를 모두 제거한다.
돗바늘을 이용해서 키치너 스티치로 꿰매서 마무리한다.

물방울 덧신

물방울 덧신은 똑똑똑 떨어지는 물방울처럼 청량한 느낌이 드는 발등의 무늬가 포인트인, 면사를
이용해 뜨는 풋커버 스타일의 덧신 양말입니다. 착용감 좋은 대바늘 덧신을 만들기 위한 저의 노력이
압축된 도안으로 발에 착 감기면서도 편안한 착용감에 반하게 될 거예요. 발가락부터 뜨는 방식의 덧신
양말로, 스포트 굵기의 울실로 떠도 좋습니다.

물방울 덧신

완성사이즈	S (M)

가볍게 블로킹한 상태에서 양말의 발 둘레 약 17 (19)cm, 발 길이 22.5 (24.5)cm
사진 속 덧신은 M 사이즈 완성작입니다.

실

에트로필 오가닉 코튼(100% 오가닉 코튼, 핑거링 굵기. 165m/50g) 026(민트블루) 1 (1)볼

바늘

2.75mm 80cm 줄바늘/장갑바늘. 또는 게이지에 맞는 바늘 사이즈

게이지

7코 x 8.5단 = 사방 2.5cm, 가볍게 블로킹한 상태에서 메리야스 뜨기 기준

준비물

마커 1개와 돗바늘, 코바늘이 필요합니다.

✖ **발가락** ✖

2.75mm 바늘을 이용해 터키식 코잡기 방법으로 16 (16)코를 만든다(터키식 코잡기는 63쪽 참고).
첫 번째 바늘과 두 번째 바늘에 각각 8 (8)코가 만들어진 상태에서
각각의 바늘에 있는 코를 모두 겉뜨기한 후에 다음과 같은 방식으로 코늘림을 시작한다.

발가락 1단(늘림 단) :
첫 번째 바늘 겉 1, 오른코 만들기, 겉뜨기하다가 1코 남았을 때, 왼코 만들기, 겉 1.
두 번째 바늘 겉 1, 오른코 만들기, 겉뜨기하다가 1코 남았을 때, 왼코 만들기, 겉 1. — 4코 늘어남.
발가락 2단 : 겉뜨기.
발가락 1~2단을 8회 더 반복한다. — 각 바늘에 26코씩, 총 52 (52)코가 됨.

겉뜨기를 1단 진행한다.

M 사이즈만
발가락 1단(늘림 단)을 진행한 후, 겉뜨기를 2단 진행한다. — 56코가 됨.

✖ **발** ✖

무늬 1단 : 안 3 (4), [겉 4, 안 4] 2회, 겉 4, 안3 (4), 끝까지 겉뜨기.
무늬 2단 : 안 3 (4), [매듭뜨기, 안 4] 2회, 매듭뜨기, 안 3 (4), 끝까지 겉뜨기.
무늬 3~6단 : 안 3 (4), [겉 4, 안 4] 2회, 겉 4, 안 3 (4), 끝까지 겉뜨기.

(Technique) 매듭뜨기 하는 법

1 왼쪽 바늘의 3번째 코에 사진처럼 오른쪽 바늘을 찔러 넣습니다.

2 왼쪽 바늘의 1, 2번째 코에 사진처럼 덮어씌웁니다. 이때, 1, 2번째 코가 왼쪽 바늘에서 빠지지 않도록 주의합니다.

Chapter 2

3 왼쪽 바늘에 있는 3번째 코(1번 사진 기준 4번째 코)에 사진처럼 오른쪽 바늘을 넣습니다.

4 1, 2번째 코에 덮어씌워서 사진과 같은 상태가 되도록 합니다.

5 바늘 비우기를 한 후에(실이 안뜨기 방향에 있는 경우, 그 상태에서 그냥 겉뜨기를 하면 바늘 비우기가 저절로 됩니다)

6 왼쪽 바늘의 2코를 겉뜨기합니다.

7 바늘 비우기 1회 진행한 후에 이어서 뜹니다(실이 겉뜨기 방향에 있고, 그 다음 코가 안뜨기인 경우, 실 방향을 옮기지 않고 안뜨기를 하면 저절로 바늘 비우기가 됩니다).

8 매듭뜨기가 끝난 상태입니다(코가 줄어들지 않음).

무늬 1~6단을 반복해서 코 잡은 단부터 잰 양말의 발 길이가 원하는 발 길이에서 약 10cm가 덜 될 때까지 곧게 뜨다가 2단 또는 3단에서 끝낸다.

다음 단(거싯 늘림 단) : 안 3 (4), [겉 4, 안 4] 2회, 겉4, 안 3 (4), 겉 1, 오른코 만들기,

겉뜨기하다가 1코 남았을 때, 왼코 만들기, 겉 1. ― 54 (58)코가 됨.

다음 단(발등 아이코드 코막음) : 오른코 만들기, 1코 늘리기,

[오른쪽 바늘의 3코를 왼쪽 바늘로 옮긴 후, 겉 2, 오른코 모아뜨기] 25 (27)회 반복

(여기까지 하면 발등 부분의 코가 모두 아이코드 코막음이 되고 오른쪽 바늘에 3코가 남아 있는 상태),

끝까지 겉뜨기, 단의 시작부분 코늘림한 부분에서 겉뜨기로 3코 줍기, 편물 뒤집기.

― 총 34 (36)코가 됨.

이제부터는 평면으로 뜬다.

다음 단(안면) : 안뜨기하다가 3코 남았을 때, 실을 안뜨기 방향에 둔 상태에서 걸러뜨기 3코.

다음 단(겉면)(거싯 늘림 단) : 겉 4, 오른코 만들기, 겉뜨기하다가 4코 남았을 때,

왼코 만들기, 겉1, 실을 겉뜨기 방향에 둔 상태에서 걸러뜨기 3코. ― 36 (38)코가 됨.

다음 단(안면) : 안뜨기하다가 3코 남았을 때, 실을 안뜨기 방향에 둔 상태에서 걸러뜨기 3코.

다음 단(겉면) : 겉뜨기하다가 3코 남았을 때, 실을 겉뜨기 방향에 둔 상태에서 걸러뜨기 3코.

다음 단(안면) : 안뜨기하다가 3코 남았을 때, 실을 안뜨기 방향에 둔 상태에서 걸러뜨기 3코.

다음 단부터 독일식 경사뜨기로 발뒤꿈치를 진행한다(독일식 경사뜨기 81쪽 참고).

✕ 발뒤꿈치 ✕

첫 번째 경사뜨기

경사뜨기 1단(겉면) : 3코 남았을 때까지 겉뜨기, 편물 뒤집기.

경사뜨기 2단(안면) : DS, 3코 남았을 때까지 안뜨기, 편물 뒤집기.

경사뜨기 3단(겉면) : DS, 전단에서 경사뜨기 한 코 전까지 겉뜨기, 편물 뒤집기.

경사뜨기 4단(안면) : DS, 전단에서 경사뜨기 한 코 전까지 안뜨기, 편물 뒤집기.

경사뜨기 3~4단을 9 (10)회 더 반복한다.

다음 단(겉면) : DS, (단의 가장자리에 각각 아이코드 엣징을 위한 3코,

그 안쪽으로 독일식 경사뜨기한 11 (12)코가 양쪽으로 있고, 중앙에 8코가 있는 상태)

겉뜨기하다가(이때, 경사뜨기한 코가 나오면 겉뜨기로 정리)

3코 남았을 때, 실을 겉뜨기 방향에 둔 상태에서 걸러뜨기 3코.

다음 단(안면) : 안뜨기하다(이때, 경사뜨기한 코가 나오면 안뜨기로 정리) 3코 남았을 때,

실을 안뜨기 방향에 둔 상태에서 걸러뜨기 3코.

두 번째 경사뜨기

경사뜨기 1단(겉면) : 겉 23 (24), 편물 뒤집기.

경사뜨기 2단(안면) : DS, 안 9 (9), 편물 뒤집기.

경사뜨기 3단(겉면) : DS, 전단의 경사뜨기한 코 전까지 겉뜨기, kDS, 겉 1, 편물 뒤집기.

경사뜨기 4단(안면) : DS, 전단의 경사뜨기한 코 전까지 안뜨기, pDS, 안 1, 편물 뒤집기.

경사뜨기 3~4단을 9 (10)회 더 반복한다.

다음 단(겉면) : DS, 겉뜨기하다가 4코 남았을 때, kDS, 실을 겉뜨기방향에 둔 상태에서 걸러뜨기 3코.

다음 단(안면) : 안 3 (3), 안 1 (0), [안 1, 안뜨기로 2코 모아뜨기, 안 1] 6 (7)회 반복,

안 1, 안뜨기로 2코 모아뜨기, 안 1 (0), pDS, 실을 안뜨기 방향에 둔 상태에서 걸러뜨기 3코. ─ 29 (30)코가 됨.

✕ **아이코드 코막음하기** ✕

다음과 같은 방식으로 아이코드 코막음을 해서 마무리를 한다.

다음 단(겉면) : [겉 2, 오른코 모아뜨기, 오른쪽 바늘의 3코를 왼쪽 바늘로 옮기기] 반복하다가

4코 남았을 때, 겉 2, 오른코 모아뜨기.

오른쪽 바늘에 3코, 왼쪽 바늘에 3코가 남은 상태가 된다.

실을 약 10cm 정도 남겨 자른 후, 오른쪽 바늘과 왼쪽 바늘의 뾰족한 끝이 같은 방향이 오도록 마주 잡은 후에,

실 꼬리를 돗바늘에 꿰서 키치너 스티치로 꿰매서 마무리한다.

실 꼬리를 안면에서 모두 정리한다.

여름 향기 덧신은 풋커버 양말로 발등의 레이스 무늬가 포인트가 되는 양말입니다. 여름의 정취를 담아 가벼우면서도 시원한 느낌이 들도록 디자인했습니다. 겨울에는 양말 위에 신는 덧신으로 활용 가능합니다.

발가락부터 뜨는 원사이즈 도안으로, 발 길이를 조절해서 완성 사이즈를 조절할 수 있습니다.

여름 향기 | 덧신

완성 사이즈	여성용 가볍게 블로킹한 상태에서, 양말의 발 둘레 약 19cm, 발 길이 24.5cm 게이지나 길이를 조절해서 완성 사이즈를 조절할 수 있습니다.
실	빈센트 3p (95% 울, 5% 아크릴. Light Fingering weight. 298m/60g) 2751 (레몬티) 1볼
게이지	9코 × 13단 = 사방 2.5cm, 가볍게 블로킹한 상태에서 메리야스 뜨기 기준
바늘	2.25mm 80cm 이상의 줄바늘/장갑바늘. 또는 게이지에 맞는 바늘 사이즈
NOTE	· 여름향기 덧신은 원통으로 발가락부터 발목으로 떠 올라가는 방식으로 뜹니다. · 여름향기 덧신은 신축성이 있는 패턴입니다. 레이스 패턴부분의 기장을 조절해 발뒤꿈치 시작 전의 발 길이 부분에서 길이를 조절해 완성 사이즈를 조절할 수 있습니다.

✖ 발가락 ✖

터키식 코잡기 방법으로 22코를 만든다(63쪽 참고).

첫 번째 바늘과 두 번째 바늘에 각각 11코가 만들어진 상태에서 각각의 바늘에 있는 코를 모두 겉뜨기한다.

단의 시작점을 표시하기 위해 첫 코와 마지막 코 사이에 마커를 끼운 후, 다음과 같이 코늘림을 시작한다.

발가락 1단 (늘림 단) :

첫 번째 바늘 겉 1, 오른코 만들기, 겉뜨기하다가 1코 남았을 때, 왼코 만들기, 겉 1.

두 번째 바늘 겉 1, 오른코 만들기, 겉뜨기하다가 1코 남았을 때, 왼코 만들기, 겉 1. ― 4코 늘어남.

발가락 2단 : 겉뜨기.

발가락 1~2단을 8회 더 반복한다. ― 첫 번째, 두 번째 바늘에 각각 29코씩 총 58코가 됨.

겉뜨기를 1단 진행한 후, 늘림 단을 진행한다.

겉뜨기를 2단 진행한 후, 늘림 단을 진행한다. ― 66코가 됨.

겉뜨기를 2단 진행한다.

✖ 발 ✖

다음 단 : 안 33, 겉 33.

첫 33코는 발등 부분으로 레이스 차트에 맞춰 진행하고 나머지 33코는 발바닥 부분으로 겉뜨기를 진행한다.

다음 단 : 레이스 패턴의 1단에 맞춰 33코 진행, 겉 33.

12단 반복 무늬

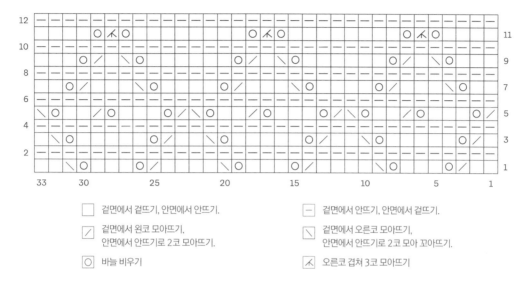

| | 겉면에서 겉뜨기, 안면에서 안뜨기. |
| 겉면에서 안뜨기, 안면에서 겉뜨기. |

| ╱ | 겉면에서 왼코 모아뜨기,
안면에서 안뜨기로 2코 모아뜨기. |
| ╲ | 겉면에서 오른코 모아뜨기,
안면에서 안뜨기로 2코 모아 꼬아뜨기. |

| ○ | 바늘 비우기 |
| ⅄ | 오른코 겹쳐 3코 모아뜨기 |

· 원통뜨기를 할 때에는 레이스 차트를 항상 오른쪽에서 왼쪽으로 읽습니다.
· 평면으로 뜰 때에는 차트의 홀수단(겉면)은 오른쪽에서 왼쪽으로, 짝수단(안면)은 왼쪽에서 오른쪽으로 읽습니다.

발등은 레이스 차트에 맞춰서, 발바닥은 겉뜨기를 유지하며 곧게 뜬다.

레이스 패턴의 1~12단을 총 4회 반복해서 무늬패턴의 12단에서 끝낸다.

또는 원하는 발 길이에서 약 11cm를 덜 뜬 상태에서 레이스 차트의 6단 또는 8단에서 끝낸다.

· 경사뜨기와 함께 진행되는 레이스 패턴의 경우 안면에서는 홀수 단을 안면 기준으로 차트의 오른쪽부터 콧수에 맞춰서 뜨면 됩니다. 혼동을 줄이기 위해 짝수 단은 무늬에 맞춰 겉/안뜨기로 표기했습니다.
· 독일식 경사뜨기를 하는 동안에는 코가 늘거나 줄어들지 않습니다. 독일식 경사뜨기로 만들어진 코는 1코로 봅니다(독일식 경사뜨기 하는 법 81쪽 참고).

다음 단 : 레이스 패턴의 1단(또는 7단/9단)에 맞춰 10코 진행, 편물 뒤집기.

다음 단(안면)(거싯 늘림 단) : DS, 겉 9, 마커 옮기기, 안 1, 안뜨기로 왼코 만들기, 안 31,

안뜨기로 오른코 만들기, 안 1, 레이스 패턴에 맞춰 10코 진행, 편물 뒤집기.

다음 단(겉면) : DS, 안 9, 겉 35, 마커 옮기기, 레이스 패턴에 맞춰 6코 진행, 편물 뒤집기.

다음 단(안면) : DS, 겉 5, 마커 옮기기, 안 35, 레이스 패턴에 맞춰 6코 진행, 편물 뒤집기.

다음 단(겉면)(거싯 늘림 단) : DS, 안 5, 마커 옮기기, 겉 1, 오른코 만들기, 겉 33, 왼코 만들기, 겉 1,

레이스 패턴에 맞춰 3코 진행, 편물 뒤집기.

다음 단(안면) : DS, 겉 2, 안 37, 마커 옮기기, 레이스 패턴에 맞춰 3코 진행, 편물 뒤집기.

다음 단(겉면) : DS, 안 2, 마커 옮기기, 겉 38, 편물 뒤집기.

다음 단(안면) : DS, 안 37, 마커 옮기기, 안 1, 편물 뒤집기.

다음 단(겉면) : DS. 마커를 기준으로 발등 부분의 33코는 바늘에 끼워진 채로 두고,

나머지 37코만 가지고 평면으로 발바닥 거싯 만들기를 진행한다. 마커를 제거하고 겉 1,

오른코 만들기, 겉 35, 왼코 만들기, 겉 1.

거싯 만들기

거싯 1단(안면) : 걸러뜨기 1, 끝까지 안뜨기.

거싯 2단(겉면) : 걸러뜨기 1, 끝까지 겉뜨기.

거싯 3단(안면) : 걸러뜨기 1, 끝까지 안뜨기.

거싯 4단(겉면)(늘림 단) : 걸러뜨기 1, 오른코 만들기, 겉뜨기하다가 1코 남았을 때, 왼코 만들기, 겉 1.

거싯 1~4단을 1회 더 반복한 후, 거싯 1~3단을 진행한다. — 43코가 됨.

✕ **발뒤꿈치** ✕

첫 번째 경사뜨기

경사뜨기 1단(겉면) : 걸러뜨기 1, 겉 37, 편물 뒤집기.

경사뜨기 2단(안면) : DS, 안 32, 편물 뒤집기.

경사뜨기 3단(겉면) : DS, 전단의 경사뜨기(DS)한 코 전까지 겉뜨기, 편물 뒤집기.

경사뜨기 4단(안면) : DS, 전단의 경사뜨기(DS)한 코 전까지 안뜨기, 편물 뒤집기.

경사뜨기 3~4단을 9회 더 반복한다.

다음 단(겉면) : DS(여기까지 뜨면 바늘 중앙에 11코가 있고, 그 양 옆으로 경사뜨기한 코가 각 11코,

그 옆에 5코가 있는 상태), 겉 27, 편물 뒤집기.

독일식 경사뜨기(DS)를 한 코는 2코로 늘어난 것처럼 보이지만 1코로 봅니다(코가 늘거나 줄어들지 않음). 경사뜨기한 코를 그 다음 단에서 뜰 때에는 특별한 언급이 없어도 2코처럼 보이는 코를 동시에 겉(안)뜨기해서 경사뜨기한 코를 정리합니다(K(p)DS).

다음 단(안면) : 걸러뜨기 1, 끝까지 안뜨기, 편물 뒤집기.

두 번째 경사뜨기

경사뜨기 1단(겉면) : 걸러뜨기 1, 겉 27, 편물 뒤집기.
경사뜨기 2단(안면) : DS, 안 12, 편물 뒤집기.
경사뜨기 3단(겉면) : DS, 전단에서 경사뜨기한 코 전까지 겉뜨기, kDS, 겉 1, 편물 뒤집기.
경사뜨기 4단(안면) : DS, 전단에서 경사뜨기한 코 전까지 안뜨기, pDS, 안 1, 편물 뒤집기.
경사뜨기 3~4단을 9회 더 반복한다.

미니 뒤꿈치단

다음 단(겉면) : DS, 겉 31, 오른코 모아뜨기, 편물 뒤집기.
다음 단(안면) : 걸러뜨기 1, 안 31, 안뜨기로 2코 모아뜨기, 편물 뒤집기.
다음 단(겉면) : 걸러뜨기 1, 겉 31, 오른코 모아뜨기, 편물 뒤집기.
다음 단(안면) : 걸러뜨기 1, 안 31, 안뜨기로 2코 모아뜨기, 편물 뒤집기.
마지막 두 단을 3회 더 반복한다. ― 33코가 됨.

다음 단(겉면) : 걸러뜨기 1, 겉 32, 거짓 단의 솔기에서 겉뜨기로 8코 코줍기
(걸러뜨기로 만들어진 1코에서 1코씩 꼬아뜨기로 줍기: 힙플랩 코줍기와 같은 방식), 발등 부분 33코 모두 겉뜨기,
거짓 단의 솔기에서 겉뜨기로 8코 코줍기(걸러뜨기로 만들어진 1코에서 1코씩 꼬아뜨기로 줍기). ― 82코가 됨.

다음 단부터는 원통뜨기를 한다.

⁎ 발목단 ⁎

고무무늬 단 : [꼬아뜨기 1, 안 1] 끝까지 반복.
고무무늬 단을 5회 더 반복한다.
고무무늬에 맞춰 뜨면서 한 코씩 덮어 씌우는 방식으로 느슨하게 코막음해서 마무리한다.

앰버 양말

앰버 양말은 작은 꽈배기 무늬의 조합으로 이루어진 발등 무늬가 포인트입니다. 화려하고 복잡한 아란
무늬보다는 심플한 조합으로 절제된 예쁨을 담고 싶었습니다. 이러한 심플하면서도 담백한 느낌을
호박석의 영문표기인 앰버라는 이름으로 표현했습니다. 깊은 느낌을 주는 호박석의 느낌을 앰버양말을
통해 느껴보세요.

앰버 양말은 발목에서 시작해서 발가락 쪽에서 마무리됩니다. 쉬운 꽈배기 무늬로 되어있어서 즐겁게
뜰 수 있을 거예요.

완성 사이즈	1 (2) 가볍게 블로킹한 상태에서, 양말의 발 둘레 약 18 (20)cm, 발 길이 24 (25)cm 사진은 1 사이즈 양말입니다. 바늘 사이즈나 실 굵기를 조절해서 완성 사이즈를 조정 가능합니다.
실	로사 포마르 몬딤 (100% 포르투갈산(産) 울. 핑거링 굵기. 385m/100g) 101 1 (1)볼
게이지	8코 × 12단 = 사방 2.5cm, 가볍게 블로킹한 상태에서 원통 메리야스 뜨기 기준
바늘	2.25mm 80cm 이상의 줄바늘/장갑바늘. 또는 게이지에 맞는 바늘 사이즈
준비물	마커 3개, 꽈배기 바늘과 돗바늘이 필요합니다.
NOTE	· 숫자 '0'으로 표시된 부분은 해당 부분을 뜨지 않고 생략하라는 의미입니다.

× 다리 ×

옛 노르웨이 방식으로 68 (72)코를 만든다(코 잡는 법은 42쪽 참고).

단이 꼬이지 않도록 주의하면서 바늘에 실을 고르게 나눈 후, 마지막 코와 시작 코를 연결해 원통뜨기를 시작한다.

발목 단 : [꼬아뜨기 1, 안 1] 끝까지 반복.

발목 단을 13 (13)회 더 반복한다. 또는 원하는 발목 단의 길이가 될 때까지 고무 단을 반복한다.

다음 단 : 꽈배기 무늬 차트의 1단에 맞춰 34 (36)코 진행, 겉 34 (36).

꽈배기 무늬 차트

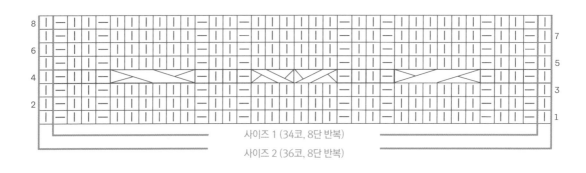

사이즈 1 (34코, 8단 반복)

사이즈 2 (36코, 8단 반복)

| | 겉뜨기   C2B1   C6B

| − | 안뜨기   C1F2   C6F

· 차트는 항상 오른쪽에서 왼쪽으로 읽습니다.
· C1F2 : 1코를 꽈배기 바늘로 옮겨 편물의 앞쪽으로 가게 한 후, 2코 겉뜨기, 꽈배기 바늘의 1코 겉뜨기.
· C2B1 : 2코를 꽈배기 바늘로 옮겨 편물의 뒤쪽으로 가게 한 후, 1코 겉뜨기, 꽈배기 바늘의 2코 겉뜨기.
· C6F : 3코 꽈배기 바늘로 옮겨 편물의 앞쪽으로 가게 한 후, 3코 겉뜨기, 꽈배기 바늘의 3코 겉뜨기.
· C6B : 3코 꽈배기 바늘로 옮겨 편물의 뒤쪽으로 가게 한 후, 3코 겉뜨기, 꽈배기 바늘의 3코 겉뜨기.

Chapter 2

코 잡은 단부터 잰 양말의 다리 길이가 약 12 (12)cm 또는 원하는 다리 길이가 될 때까지 패턴을 유지하며 곧게 뜬다.
첫 34 (36)코는 발등 부분으로 꽈배기 무늬 차트에 맞춰서 뜨고, 나머지 34 (36)코는 겉뜨기를 한다.
차트의 짝수 단에서 끝낸다.

다음 단 : 꽈배기 차트에 맞춰 34 (36)코 진행, 나머지 34 (36)코는 발뒤꿈치가 될 부분으로 뒤꿈치 단에 맞춰서 뜬다.
발뒤꿈치 단은 나머지 34 (36)코만 이용해 **평면으로 뜬다.**

✹ 발뒤꿈치 ✹

발뒤꿈치 단
발뒤꿈치 1단(겉면) : [걸러뜨기 1, 겉 1] 끝까지 반복.
발뒤꿈치 2단(안면) : 걸러뜨기 1, 끝까지 안뜨기.
발뒤꿈치 1~2단을 14 (15)회 더 반복한다.

뒤꿈치 바닥
경사뜨기 1단(겉면) : 걸러뜨기 1, 겉 20 (22), 오른코 모아뜨기, 겉 1, 편물 뒤집기.
경사뜨기 2단(안면) : 걸러뜨기 1, 안 9 (11), 안뜨기로 2코 모아뜨기, 안 1, 편물 뒤집기.
경사뜨기 3단(겉면) : 걸러뜨기 1, 겉뜨기하다가 전단과 단 차이가 나기 전 1코 남았을 때,
오른코 모아뜨기, 겉 1, 편물 뒤집기.
경사뜨기 4단(안면) : 걸러뜨기 1, 안뜨기하다가 전단과 단 차이가 나기 전 1코 남았을 때,
안뜨기로 2코 모아뜨기, 안 1, 편물 뒤집기.
경사뜨기 3~4단을 4 (4)회 더 반복한다. — 22 (24)코가 됨.

거싯 만들기
다음 단(겉면) : 걸러뜨기 1, 겉 21 (23), 뒤꿈치 단의 왼쪽 가장자리 솔기를 따라 겉뜨기로 16 (17)코줍기, 마커 끼우기.
다음 34 (36)코는 발등 부분으로 꽈배기 차트에 맞춰 뜬 다음, 마커 끼우기.
뒤꿈치 단의 오른쪽 가장자리 솔기를 따라 겉뜨기로 16 (17)코 줍기, 단의 시작점을 표시하는 마커 끼우기.
— 88 (94)코가 됨.

다음 단부터는 원통뜨기를 한다.
다음 단(줄임 단) : 겉뜨기하다가 첫 번째 마커 전 3 (2)코 남았을 때, 왼코 모아뜨기, 겉 1 (0), 마커 옮기기,
꽈배기 차트에 맞춰 발등 34 (36)코 진행, 마커 옮기기, 겉 1 (0), 오른코 모아뜨기, 끝까지 겉뜨기, 마커 옮기기.
다음 단 : 첫 번째 마커까지 겉뜨기, 마커 옮기기, 발등 34 (36)코 진행, 마커 옮기기, 끝까지 겉뜨기.
마지막 2단을 9 (10)회 더 반복한다. — 68 (72)코가 됨.

⠶ 발 ⠶

다음 단 : 단의 시작점을 표시하는 마커를 뺀 후, 첫 번째 마커까지 겉뜨기,
이제부터는 첫 번째 마커가 단의 시작점이 된다.
패턴을 유지하면서(발등은 꽈배기 차트에 맞춰서 진행하고, 발바닥은 매단 겉뜨기)
발뒤꿈치 바닥 중앙 부분부터 잰 양말의 발 길이가 원하는 발 길이보다 4.5 (4.5)cm가 덜 될 때까지 곧게 뜬다.

⠶ 발가락 ⠶

다음 단 : 겉뜨기
다음 단(줄임 단) : [겉 1, 오른코 모아뜨기, 겉뜨기하다가 첫 번째 마커 전 3코 남았을 때,
왼코 모아뜨기, 겉 1, 마커 옮기기] 2회 반복.
마지막 2단을 11 (11)회 더 반복한다. 줄임 단에서 끝냄. — 20 (24)코가 됨

⠶ 마무리하기 ⠶

실 꼬리를 약 20cm 정도 남겨서 실을 자른다.
두 개의 바늘에 각각 10 (12)코가 되도록 분산시킨 후
(첫 번째 마커와 두 번째 마커 사이의 10 (12)코가 한 바늘에 가도록 함), 마커를 모두 제거한다.
돗바늘을 이용해서 키치너 스티치로 꿰매서 마무리한다.

마카롱 양말의 발등부분에 있는 입체 아란 무늬는 달달한 디저트인 마카롱의 측면 모양을 떠올리게 할 거예요. 마카롱 양말은 발가락에서 발목쪽으로 떠 올라가는 방식으로 뜨고 거싯이 있어서 발등이 높은 사람도 편하게 신을 수 있습니다.

일반적인 양말실보다 굵은 DK(8p)굵기의 실을 이용해서 비교적 쉽고 빠르게 뜰 수 있어요. 굵은 실로도 예쁜 양말을 뜰 수 있다는 것을 마카롱 양말을 통해 확인해보세요.

사이즈	S (M) 가볍게 블로킹한 상태에서 양말의 발 둘레 약 17.5 (20)cm, 발 길이 23.5 (25)cm 사진은 M 사이즈 양말입니다.
실	빈센트 리치 시그니처(울 90%, 아크릴 10%, DK 굵기. 188m/75g) 850 (파우더핑크) 2 (2)볼
게이지	7코 x 10단 = 사방 2.5cm, 가볍게 블로킹한 상태에서 원통 메리야스 뜨기 기준
바늘	3mm 줄바늘/장갑바늘. 또는 게이지에 맞는 바늘 사이즈
준비물	꽈배기 바늘, 돗바늘이 필요합니다.

✳ 발가락 ✳

터키식 코잡기로 12 (16)코를 만든다(코 잡는 법은 63쪽 참고).
첫 번째 바늘과 두 번째 바늘에 각각 6 (8)코가 만들어진 상태에서 각각의 바늘에 있는 코를 모두 겉뜨기한다.
다음 단부터는 아래와 같이 코늘림을 시작한다.

발가락 1단(늘림 단) :
첫 번째 바늘 1코 늘리기, 겉뜨기하다가 2코 남았을 때, 1코 늘리기, 겉 1.
두 번째 바늘 1코 늘리기, 겉뜨기하다가 2코 남았을 때, 1코 늘리기, 겉 1. — 4코 늘어남.
발가락 2단 : 겉뜨기.
발가락 1~2단을 5 (5)회 더 반복한다. — 36 (40)코가 됨.
발가락 1단을 진행한다. — 40 (44)코가 됨.
[겉뜨기 2단 진행 후, 발가락 1단 진행] 3 (3)회 반복(늘림 단에서 끝남). — 52 (56)코가 됨.

✳ 발 ✳

다음 단 : 첫 26 (28)코는 발등 부분으로 아란 차트(141쪽)에 맞춰 26 (28)코를 진행한다.
나머지 26 (28)코는 발바닥 부분으로 겉뜨기를 한다.
발등은 아란 차트를 반복하고 발바닥은 겉뜨기를 유지하며, 코를 잡은 단부터 양말의 길이가
원하는 발 길이에서 7.5cm를 뺀 길이가 될 때까지 곧게 뜬다. 아란 차트의 짝수 단에서 끝낸다.

Technique   꽈배기 바늘 없이 오른쪽 2코 꽈배기 무늬 뜨기

오른쪽 2코 꽈배기 뜨는 법

1   왼쪽 바늘의 두 번째 코에 오른쪽 바늘을 찔러 넣어 겉뜨기를 합니다.   2   왼쪽 바늘에 두 번째 코가 끼워진 상태를 유지합니다.

3 그런 다음, 왼쪽 바늘의 첫 번째 코를 이어서 겉뜨기를 합니다.

4 그런 다음, 왼쪽 바늘의 첫 번째 코와 두 번째 코를 왼쪽 바늘에서 뺍니다.

왼쪽 2코 꽈배기 뜨는 법

1 왼쪽 바늘의 두 번째 코의 뒤쪽 루프에 사진과 같이 오른쪽 바늘을 걸어서 겉뜨기를 합니다(꼬아뜨기하는 것과 같음).

2 이 상태를 유지하면서

3 왼쪽 바늘의 첫 번째 코를 겉뜨기합니다.

4 왼쪽 바늘의 2코를 왼쪽 바늘에서 뺍니다.

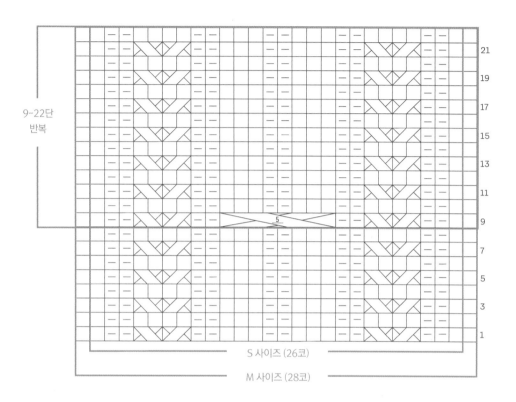

9-22단
반복

21
19
17
15
13
11
9
7
5
3
1

S 사이즈 (26코)

M 사이즈 (28코)

□ 겉뜨기   — 안뜨기

◿◺ 오른쪽 2코 꽈배기
케이블 바늘로 1코를 편물 뒤쪽으로 옮긴 다음, 겉 1, 케이블 바늘에 있는 1코 겉뜨기.

◸◹ 왼쪽 2코 꽈배기
케이블 바늘로 1코를 편물 앞쪽으로 옮긴 다음, 겉 1, 케이블 바늘에 있는 1코 겉뜨기.

⬚5⬚
케이블 바늘로 5코를 옮겨 앞쪽으로 가게 한 다음, 겉 3, 케이블 바늘에 있는 4번째, 5번째 코를 왼쪽 바늘로 옮긴 다음, 케이블 바늘을 뒤쪽으로 옮긴 후, 왼쪽바늘에 옮긴 2코를 겉 2, 편물 뒤집기, 안 2, 편물 뒤집기, 겉 2, 편물 뒤집기, 안 2, 편물 뒤집기, 겉 2, 케이블 바늘에 있는 3코를 겉뜨기.

· 차트는 항상 오른쪽에서 왼쪽으로 읽습니다.

거싯 만들기

거싯 1단 (늘림단) : 아란 차트에 맞춰 26 (28)코 진행, 마커 끼우기, 겉 1, 오른코 만들기, 겉뜨기하다가 1코 남았을 때, 왼코 만들기, 겉 1.

거싯 2단 : 아란 차트에 맞춰 26 (28)코 진행, 마커 옮기기, 끝까지 겉뜨기.

다음 단 : 아란 차트에 맞춰 26 (28)코 진행, 마커 옮기기, 겉 23 (24), 오른코 만들기, 끝까지 겉뜨기.
— 총 73 (77)코가 됨(마커 앞쪽에 26 (28)코, 마커 뒤쪽에 바늘에 47 (49)코가 있는 상태).

다음 단 : 아란 차트에 맞춰 26 (28)코 진행, 마커 빼기, 나머지 47 (49)코를 가지고 아래와 같이 발뒤꿈치를 진행한다.

발뒤꿈치는 평면으로 뜬다.

✕ 발뒤꿈치 ✕

뒤꿈치 바닥

1단(겉면) : 겉 31 (33), 1코 늘리기, 겉 1, w&t.

2단(안면) : 걸러뜨기 1, 안 18 (20), 안뜨기로 1코 늘리기, 안 1, w&t.

3단(겉면) : 걸러뜨기 1, 겉 16 (18), 1코 늘리기, 겉 1, w&t.

4단(안면) : 걸러뜨기 1, 안 14 (16), 안뜨기로 1코 늘리기, 안 1, w&t.

5단(겉면) : 걸러뜨기 1, 겉 12 (14), 1코 늘리기, 겉 1, w&t.

6단(안면) : 걸러뜨기 1, 안 10 (12), 안뜨기로 1코 늘리기, 안 1, w&t.

7단(겉면) : 걸러뜨기 1, 겉 8 (10), 1코 늘리기, 겉 1, w&t.

8단(안면) : 걸러뜨기 1, 안 6 (8), 안뜨기로 1코 늘리기, 안 1, w&t. — 두 번째 바늘에 55 (57)코가 됨.

9단(겉면) : 걸러뜨기 1, 끝까지 겉뜨기. 특별한 언급이 없어도 w&t한 코는 항상 감싼 실을 끌어올려서 감싼 코와 함께 겉뜨기한다.

다음 단 : 아란 차트에 맞춰 첫 번째 바늘의 26 (28)코를 진행한 후, 두 번째 바늘의 55 (57)코를 이용해 발뒤꿈치 단을 아래와 같이 진행한다.

발뒤꿈치 단은 평면으로 뜬다.

발뒤꿈치 단

발뒤꿈치 1단(겉면) : 겉 40 (42)(w&t한 코가 나오면 감싼 실을 끌어올려서 감싼 코와 함께 겉뜨기한다),
오른코 모아뜨기, 편물 뒤집기.

발뒤꿈치 2단(안면) : 걸러뜨기 1, 안 25 (27), 안뜨기로 2코 모아뜨기, 편물 뒤집기.

발뒤꿈치 3단(겉면) : [걸러뜨기 1, 겉 1] 13 (14)회 반복, 오른코 모아뜨기, 편물 뒤집기.

발뒤꿈치에 남아 있는 코가 총 27 (29)코가 될 때까지

발뒤꿈치 2~3단을 반복하다가 발뒤꿈치 2단(안면)에서 끝낸다.

다음 단 : 걸러뜨기 1, 겉 12 (13), 왼코 모아뜨기, 끝까지 겉뜨기.

다음부터는 원통뜨기로 양말의 다리 부분을 진행한다.

❈ 다리 ❈

다음 단 : 아란 차트에 맞춰 26 (28)코 진행, 겉 26 (28).

첫 26 (28)코는 아란 차트에 맞춰서 뜨고 나머지 코는 겉뜨기하는 방식으로

양말의 다리 길이가 약 6.5 (6.5)cm가 될 때까지 곧게 뜬다.

또는 원하는 양말의 다리 길이가 될 때까지 곧게 뜬다.

차트의 짝수 단에서 끝냄.

❈ 발목 단 ❈

고무무늬 단 : [꼬아뜨기 1, 안 1] 반복.

고무 단을 7단 더 반복해 발목 단의 길이가 약 2cm가 될 때까지

또는 원하는 고무 단의 길이가 될 때까지 고무무늬 단을 유지하며 곧게 뜬다.

실 꼬리를 50cm 이상 길게 남겨 자른 후 돗바늘에 꿰서

신축성 있게 마무리하는 방식(74쪽 참고) 방식으로 모든 코를 코막음한다.

브리즈 양말

브리즈 양말은 살랑살랑 느껴지는 산들바람을 꽈배기 무늬로 표현한 양말입니다. 물결치듯 올라가는 꽈배기 무늬는 꽈배기 바늘 없이도 쉽고 간단하게 뜰 수 있습니다. 발가락부터 발목 쪽으로 뜨는 토업 방식의 양말로 미니 거싯이 있어서 착용감을 높여줍니다.

완성 사이즈	1 (2)

가볍게 블로킹한 상태에서, 양말의 발 둘레 약 18 (20)cm, 발 길이 23~24.5 (26~27.5)cm
사진은 1 사이즈(여성용) 양말입니다.
신축성이 있는 패턴입니다. 발 길이를 조절하는 방식으로 사이즈를 조절 가능합니다.

실	오팔 Uni 4ply (75% 버진 울, 25% 폴리아미드. fingering 굵기. 425m/100g) 5194 1 (1)볼

게이지   8.5코 × 11.5단 = 사방 2.5cm, 가볍게 블로킹한 상태에서 메리야스 뜨기 기준

바늘   2.25mm 80cm 이상의 줄바늘/장갑바늘. 또는 게이지에 맞는 바늘 사이즈

준비물   돗바늘, 꽈배기 바늘(선택)이 필요합니다.

× 발가락 ×

터키식 코잡기 방법으로 22 (22)코를 만든다(터키식 코잡기 참고 63쪽).

첫 번째 바늘과 두 번째 바늘에 각각 11 (11)코가 만들어진 상태에서

각각의 바늘에 있는 코를 모두 겉뜨기한 후에 다음과 같은 방식으로 코늘림을 시작한다.

발가락 1단(늘림 단):

첫 번째 바늘 겉 1, 오른코 만들기, 겉뜨기하다가 1코 남았을 때, 왼코 만들기, 겉 1.

두 번째 바늘 겉 1, 오른코 만들기, 겉뜨기하다가 1코 남았을 때, 왼코 만들기, 겉 1. — 4코 늘어남.

발가락 2단 : 겉뜨기.

발가락 1~2단을 8 (13)회 더 반복한다. — 각 바늘에 29 (39)코씩, 총 58 (78)코가 됨.

1 사이즈만

겉뜨기를 1단 진행한다.

[발가락 1단(늘림 단)을 진행, 겉뜨기 2단 진행] 2회 반복. — 각 바늘에 33코씩, 66코가 됨.

모든 사이즈

겉뜨기를 1단 진행한다.

Chapter 2

차트 1

6코 12단 반복 무늬

· 꽈배기 바늘 없이 오른쪽/왼쪽 2코
  꽈배기 무늬 뜨는 법 139쪽 참고

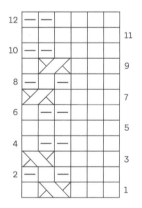

☐ 겉뜨기

— 안뜨기

◩ 오른쪽 2코 꽈배기

◪ 왼쪽 2코 꽈배기

✕ 발 ✕

다음 단 : 차트 1(146쪽)의 1단을 5 (6)회 반복 후, 겉 3, 마커 끼우기, 끝까지 겉뜨기.

첫 33 (39)코가 발등이 되고 나머지 33 (39)코가 발바닥이 된다.

발등 부분은 차트 1을 5 (6)회 반복 후,

겉 3을 진행하고 발바닥은 겉뜨기를 유지하며 차트 1의 1~12단을 반복하다가

원하는 발 길이에서 약 7.5 (8)cm가 덜 될 때까지 곧게 뜬다.

미니 거싯 만들기

미니 거싯 1단(늘림 단) : 차트에 맞춰 33 (39)코 진행, 마커 옮기기, 겉 1,

오른코 만들기, 겉뜨기하다가 1코 남았을 때, 왼코 만들기, 겉 1.

미니 거싯 2단 : 차트에 맞춰 33 (39)코 진행, 마커 옮기기, 끝까지 겉뜨기.

미니 거싯 1~2단을 4 (5)회 더 반복한다.

— 총 76 (90)코가 됨.

✕ 발뒤꿈치 ✕

첫 번째 마커 전에 33 (39)코, 첫 번째 마커 뒤에 43 (51)코가 있는 상태가 된다.

발뒤꿈치 경사뜨기

다음 단 : 차트에 맞춰 33 (39)코 진행, 나머지 43 (51)코를 이용해 평면으로 발뒤꿈치를 뜬다.

첫 33 (39)코는 발등 부분으로 발뒤꿈치에서는 뜨지 않는다.

첫 번째 뒤꿈치 경사뜨기

경사뜨기 1단 : 겉 38 (45), w&t.

경사뜨기 2단(안면) : 걸러뜨기 1, 안 33 (39), w&t.

경사뜨기 3단(겉면) : 걸러뜨기 1, 전단에서 경사뜨기(w&t)한 코 전 1코 남을 때까지 겉뜨기, w&t.

경사뜨기 4단(안면) : 걸러뜨기 1, 전단에서 경사뜨기(w&t)한 코 전 1코 남을 때까지 안뜨기, w&t.

경사뜨기 3~4단을 9 (12)회 더 반복한다(랩앤턴(w&t) 경사뜨기 하는 법 71쪽 참고).

두 번째 뒤꿈치 경사뜨기

다음 단(경사뜨기 1단)(겉면) : 걸러뜨기 1(여기까지 뜨면 첫 번째 바늘의 중앙에 11 (11)코가 있고,
그 양 옆으로 w&t한 코가 각각 11 (14)코, 바늘의 양 끝 쪽에 미니 거싯 코가 5 (6)코씩 있는 상태가 됩니다),
겉 11 (11), 겉뜨기로 w&t한 코 정리하기, w&t.

경사뜨기 2단(안면) : 걸러뜨기 1(두 겹으로 w&t한 코가 됨), 안 12 (12), 안뜨기로 w&t한 코 정리하기, w&t.

경사뜨기 3단(겉면) : 걸러뜨기 1(두 겹으로 w&t한 코가 됨), 전단에서 w&t한 코 전까지 겉뜨기,
겉뜨기로 두 겹으로 w&t한 코 정리하기, w&t.

경사뜨기 4단(안면) : 걸러뜨기 1(두 겹으로 w&t한 코가 됨), 전단에서 w&t한 코 전까지 안뜨기,
안뜨기로 두 겹으로 w&t한 코 정리하기, w&t.

경사뜨기 3~4단을 9 (12)회 더 반복한다.

미니 뒤꿈치 단

다음 단(겉면) : 걸러뜨기 1(두 겹으로 w&t한 코가 됨), 전단에서 w&t한 코 전까지 겉뜨기,
w&t한 코에 감싸진 실 2가닥을 왼쪽 바늘에 끌어올린 후, w&t한 코와 함께 겉뜨기하듯 걸러뜨기,
겉 1, 걸러뜨기한 코와 실 2가닥을 겉뜨기한 코에 덮어씌우기, 편물 뒤집기.

다음 단(안면) : 걸러뜨기 1, 전 단에서 w&t한 코 전까지 안뜨기, w&t한 코에 감싸진 실 2가닥을
왼쪽 바늘에 끌어올린 후, 그 다음 코와 함께 안뜨기로 모아뜨기, 편물 뒤집기.

✱ 다음 단(겉면) : 걸러뜨기 1, 겉 31 (37), 오른코 모아뜨기, 편물 뒤집기.

　　 다음 단(안면) : 걸러뜨기 1, 안 31 (37), 안뜨기로 2코 모아뜨기, 편물 뒤집기. ✱

마지막 두 단(✱~✱)을 3 (4)회 더 반복한다.

다음 단(겉면) : 걸러뜨기 1, 겉 32 (38).

뒤꿈치를 뜨고 있는 대바늘에 걸린 코가 총 33 (39)코가 된다. 다음 단부터는 원통뜨기를 시작한다.

✕ 다리 ✕

다음 단 : 차트 1에 맞춰서 차트를 11 (13)회 반복.
차트 1을 유지하며 다리 부분을 시작한 단으로부터 양말의 길이가 약 12.5 (14)cm가 될 때까지
또는 원하는 양말의 다리 길이가 될 때까지 곧게 뜨다가 차트 1의 4단 또는 10단에서 끝낸다.

발목 단

발목 고무단을 시작한다.

다음 단(고무무늬 단) : [꼬아뜨기 1, 안 1] 반복.

고무무늬 단을 11 (11)단 더 반복해 발목 고무단의 길이가 약 3cm가 되었을 때,

또는 원하는 발목 단의 길이가 될 때까지 고무 무늬 단을 반복한다.

마무리하기

약 50cm 정도의 실 꼬리를 남겨 실을 자른 후,

실 꼬리에 돗바늘을 꿰어서 신축성 있게 마무리하는 방식(74쪽 참고)으로 모든 코를 코막음한다.

리버티 양말은 뮤지컬 영화 〈레미제라블〉을 보고 나서 디자인하게 된 양말입니다. 프랑스 시민혁명 시기의 시민군들은 파란색, 흰색, 빨간색으로 된 리본을 달았다고 하는데요, 이 세 가지 색상은 각각 자유, 평등, 박애를 뜻한다고 합니다. 그 리본에서 영감을 받아 세 가지 가치가 배색을 통해 조화를 이루는 리버티 양말을 만들게 되었어요.

리버티 양말은 발가락에서 시작해서 발목 쪽으로 뜹니다. 발부분은 줄무늬로 되어 있고 다리 부분의 체크무늬는 2가지 색의 실을 끊지 않고 계속 연결해서 뜨는 하는 스트랜디드 니팅 배색뜨기 방식으로 진행합니다. DK(8p)굵기의 실을 이용해서 뜨기 때문에 비교적 쉽고 빠르게 뜰 수 있습니다.

완성사이즈	여성용 S (M)
	가볍게 블로킹한 상태에서 양말의 발 둘레 약 17.5 (20)cm, 발 길이 23 (25)cm
	사진은 M 사이즈입니다.
실	빈센트 리치 시그니처(90% 울, 10% 아크릴. light DK 굵기. 188m/80g)
	A: 820(레드), B: 801(화이트), C: 844(네이비) 각각 약 30g 정도 사용
게이지	가볍게 블로킹한 상태에서
	메리야스 뜨기 : 6코 x 8단 = 사방 2.5cm, 3mm 바늘 사용
	배색 패턴 : 7코 x 7단 = 사방 2.5cm, 3.5mm 바늘 사용
바늘	3mm, 3.5mm 줄바늘/장갑바늘. 또는 게이지에 맞는 바늘 사이즈
NOTE	· 줄무늬를 뜰 때에는 실 B와 C를 끊지 않고 계속 이어서 뜹니다.
	· 특별한 언급이 없는 한 실을 끊지 않습니다.
	· 배색 차트는 항상 오른쪽에서 왼쪽으로 읽습니다.

리버티 양말

˟ 발 ˟

3mm 바늘과 실A를 이용해 터키식 코잡기로 10 (12)코를 만든다(터키식 코잡기 63쪽 참고).

첫 번째 바늘과 두 번째 바늘에 각각 5 (6)코가 만들어진 상태에서 각각의 바늘에 있는 코를 모두 겉뜨기한다.

다음 단(늘림 단) :

첫 번째 바늘 겉 1, 오른코 만들기, 겉뜨기 하다가 1코 남았을 때, 왼코 만들기, 겉 1.

두 번째 바늘 겉 1, 오른코 만들기, 겉뜨기 하다가 1코 남았을 때, 왼코 만들기, 겉 1. ― 4코 늘어남.

늘림 단을 1 (1)회 더 진행한다. ― 18 (20)코가 됨.

[겉뜨기 1단 진행, 늘림 단 진행] 4 (4)회 반복. ― 34 (36)코가 됨.

[겉뜨기 2단 진행 후, 늘림 단 진행] 2 (2)회 반복. ― 42 (44)코가 됨.

S 사이즈만

겉뜨기 2단 진행.

M 사이즈만

겉뜨기 3단 진행 후, 늘림 단 진행.

첫 번째 바늘과 두 번째 바늘에 각각 21 (24)코씩 총 42 (48)코가 된다.

줄무늬 뜨기

실A를 끊고, 실B와 C를 이용해 줄무늬를 시작한다.

줄무늬 패턴 : [실B로 겉뜨기 3단 진행, 실C로 겉뜨기 3단 진행] 반복.

> 줄무늬를 뜰 때, 실B와 C를 끊지 않고 계속 연결해서 뜹니다. 줄무늬 색이 바뀌는 부분에서 단 차이로 인한 무늬 끊어짐 현상이 생기지 않도록 원통뜨기에서 줄무늬 단 차이 없게 뜨는 법을 적용해서 뜹니다(69쪽 설명 참고).

코 잡은 단(발가락 끝)부터 잰 양말의 길이가 원하는 발 길이보다
7 (7.5)cm가 덜 되었을 때까지곧게 줄무늬를 반복한다.
줄무늬 단이 실B나 C의 첫 번째 단에서 끝나도록 한다.

미니 거싯 만들기

줄무늬를 유지하면서

미니 거싯 1단(늘림 단) : 겉 1, 오른코 만들기, 겉 19 (22), 왼코 만들기, 겉 1, 마커 끼우기, 끝까지 겉뜨기.

미니 거싯 2단 : 겉뜨기.

미니 거싯 3단(늘림 단) : 겉 1, 오른코 만들기, 다음 마커 전 1코 남을 때까지 겉뜨기,

왼코 만들기, 겉 1, 마커 옮기기, 끝까지 겉뜨기.

미니 거싯 4단 : 겉뜨기.

미니 거싯 3~4단을 2 (2)회 더 반복한다. — 총 50 (56)코가 됨.

첫 번째 마커 전에 29 (32)코, 첫 번째 마커 뒤에 21 (24)코가 있는 상태가 된다.

✳ **발뒤꿈치** ✳

실B와 C를 끊지 않은 상태에서 **실A를 연결**해 첫 29 (32)코를 이용해 평면으로 발뒤꿈치를 뜬다.
나머지 21 (24)코는 발등 부분으로 발뒤꿈치에서는 뜨지 않는다(발뒤꿈치 w&t 경사뜨기하는법 71쪽 참고).

첫 번째 뒤꿈치 경사뜨기

경사뜨기 1단 : 겉 24 (27), w&t.

경사뜨기 2단(안면) : 걸러뜨기 1, 안 19 (22), w&t.

경사뜨기 3단(겉면) : 걸러뜨기 1, 전단에서 경사뜨기(w&t)한 코 전 1코 남을 때까지 겉뜨기, w&t.

경사뜨기 4단(안면) : 걸러뜨기 1, 전단에서 경사뜨기(w&t)한 코 전 1코 남을 때까지 안뜨기, w&t.

경사뜨기 3~4단을 5 (6)회 더 반복한다.

두 번째 뒤꿈치 경사뜨기

다음 단(경사뜨기 1단)(겉면) : 걸러뜨기 1(여기까지 뜨면 첫 번째 바늘의 중앙에 7 (8)코가 있고,

그 양 옆으로 w&t한 코가 각각 7 (8)코, 바늘의 양 끝 쪽에 미니 거싯 코가 4 (4)코씩 있는 상태가 됩니다),

겉 7 (8), 겉뜨기로 w&t한 코 정리하기, w&t.

경사뜨기 2단(안면) : 걸러뜨기 1(두 겹으로 w&t한 코가 됨), 안 8 (9), 안뜨기로 w&t한 코 정리하기, w&t.

경사뜨기 3단(겉면) : 걸러뜨기 1(두 겹으로 w&t한 코가 됨), 전단에서 w&t한 코 전까지 겉뜨기,

겉뜨기로 두 겹으로 w&t한 코 정리하기, w&t.

경사뜨기 4단(안면) : 걸러뜨기 1(두 겹으로 w&t한 코가 됨), 전단에서 w&t한 코 전까지 안뜨기,

안뜨기로 두 겹으로 w&t한 코 정리하기, w&t.

경사뜨기 3~4단을 4 (5)회 더 반복한다.

미니 뒤꿈치 단

다음 단(겉면) : 걸러뜨기 1(두 겹으로 w&t한 코가 됨), 전단에서 w&t한 코 전까지 겉뜨기,
w&t한 코에 감싸진 실 2가닥을 왼쪽 바늘에 걸어올린 후, w&t한 코와 함께 겉뜨기하듯 걸러뜨기, 겉 1,
걸러뜨기한 코와 실 2가닥을 겉뜨기한 코에 덮어씌우기, 편물 뒤집기.

다음 단(안면) : 걸러뜨기 1, 전단에서 w&t한 코 전까지 안뜨기,
w&t한 코에 감싸진 실 2가닥을 왼쪽 바늘에 걸어올린 후, 그 다음 코와 함께 안뜨기로 모아뜨기, 편물 뒤집기.

* 다음 단(겉면) : 걸러뜨기 1, 겉 19 (22), 오른코 모아뜨기, 편물 뒤집기
　　다음 단(안면) : 걸러뜨기 1, 안 19 (22), 안뜨기로 2코 모아뜨기, 편물 뒤집기 *

마지막 두 단(*~*)을 2 (2)회 더 반복한다. 첫 번째 바늘에 걸린 코가 총 21 (24)코가 됨. 실A를 끊는다.

× 다리 ×

줄무늬를 유지하며 실B와 C를 이용해 원통뜨기를 시작한다.
줄무늬를 5단 또는 8단을 진행해서 실C의 두 번째 단에서 줄무늬가 끝나도록 한다.

다음 단(늘림 단) : 실C로, [겉 7 (8), 오른코 만들기] 6회 반복.
— 6코 늘어남. 총 48 (54)코가 됨.

배색무늬 뜨기

3.5mm 바늘로 바꿔서 실B와 C를 이용해서 배색무늬 차트를 시작한다.

다음 단 : 배색무늬 차트의 1단을 8 (9)회 반복
배색무늬 차트의 1~8단을 총3회 반복해서 발목 부분의 길이가 약 11~12cm가 되었을 때,
또는 원하는 다리 길이보다 약 3.5cm가 덜 되었을 때까지 배색무늬 차트를 반복해서
배색무늬 차트의 8단에서 끝낸 후, 배색무늬 차트의 1~2단을 진행한다. 실B와 C를 끊는다.

배색무늬 차트

6코 8단 반복

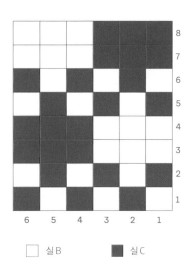

8
7
6
5
4
3
2
1

6 5 4 3 2 1

☐ 실B   ■ 실C

✕ 발목 ✕

3mm 바늘로 바꾼 후, 실A를 연결해 겉뜨기를 1단 진행한다.

발목 고무단을 시작한다.

고무단 : [꼬아뜨기 1, 안 1] 반복.

고무단을 11단 더 반복해 고무단의 길이가 3cm가 되었을 때 끝낸다.

또는 원하는 고무단 길이가 될 때까지 고무단을 반복한다.

✕ 마무리하기 ✕

약 40cm 정도 실 꼬리를 남겨 실A를 자른 후,

실 꼬리에 돗바늘을 꿰어서 신축성 있게 마무리하는 방식(74쪽 참고)으로 모든 코를 코막음한다.

프렌치 가든

프랑스식 정원은 기하학적 무늬와 대칭 구조가 도드라지는 형태의 정원으로 알려져 있습니다.
프렌치 가든 양말은 프랑스식 정원처럼 작은 기하학적인 무늬를 대칭이 되도록 반복적으로 구성해서
만들었습니다. 기하학의 미로처럼 만들어지는 프랑스식 정원을 하늘에서 바라본 것 같은 느낌이 들도록
디자인했습니다.
이 양말은 2가지 색 실을 끊지 않고 계속 이어서 뜨는 스트랜디드 니팅 방식의 배색 양말입니다.
스트랜디드 니팅 방식으로 뜬 배색 양말은 안면에 2가닥의 실이 계속 연결되어 있기 때문에 단색
양말보다 더 따뜻하다는 장점이 있습니다. 또 배색 초보자나 스트랜디드 니팅 입문자들도 쉽고 부담
없이 뜰 수 있도록 배색 난이도가 낮은 작고 규칙적인 무늬들로 구성되어 있습니다. 발가락부터
발목으로 떠 올라가는 토업 방식의 양말로 발뒤꿈치는 랩앤턴 경사뜨기로 되어 있습니다.

프렌치 가든

완성 사이즈	1 (2) 가볍게 블로킹한 상태에서, 양말의 발 둘레 약 18 (20)cm, 발 길이 24.5 (26)cm 사진은 1 사이즈 양말입니다.
실	오팔 Uni 4ply (75% 버진 울, 25% 폴리아미드. fingering 굵기. 425m/100g) 바탕색실 : 3081 1 (1)볼 배색실 : 5187 ½ (½)볼
게이지	10코 × 10단 = 사방 2.5cm, 가볍게 블로킹한 상태에서 배색뜨기 기준
바늘	2.25mm, 2.5mm 80cm 이상의 줄바늘/장갑바늘. 또는 게이지에 맞는 바늘 사이즈
NOTE	2가지 색을 이용한 배색뜨기(스트랜디드 니팅stranded knitting)를 할 때에는 특별한 언급이 없는 한 중간에 실을 끊지 않은 상태에서 뜹니다. 배색실로 뜨는 부분이 없는 차트의 4단과 8단을 뜰 때에는 바탕색실만 이용해서 겉뜨기합니다.

✕ 발가락 ✕

바탕색실과 2.25mm 바늘을 이용해 터키식 코잡기 방법으로 24 (28)코를 만든다(터키식 코잡기 참고 63쪽)
첫 번째 바늘과 두 번째 바늘에 각각 12 (14)코가 만들어진 상태에서 각각의 바늘에 있는 코를 모두 겉뜨기한 후에
다음과 같은 방식으로 코늘림을 시작한다.

발가락 1단(늘림 단)
<u>첫 번째 바늘</u> 겉 1, 오른코 만들기, 겉뜨기하다가 1코 남았을 때, 왼코 만들기, 겉 1.
<u>두 번째 바늘</u> 겉 1, 오른코 만들기, 겉뜨기하다가 1코 남았을 때, 왼코 만들기, 겉 1. ─ 4코 늘어남.
발가락 2단 : 겉뜨기.
발가락 1~2단을 11 (12)회 더 반복한다.
─ 각 바늘에 36 (40)코씩, 총 72 (80)코가 됨.

✕ 발 ✕

2.5mm 바늘로 바꾼 후, 배색실을 연결해서 바탕색실과 배색실로 차트에 맞춰서 뜬다.
다음 단 : 첫 36 (40)코는 차트 A의 1단에 맞춰서 뜨고, 나머지 36 (40)코는 차트 B의 1단(159쪽)을 9 (10)회 반복한다.
이때, 발등의 중앙 부분에서 1코를 늘리고, 발바닥 중앙 부분에서 1코를 줄인다.

차트 A

발등

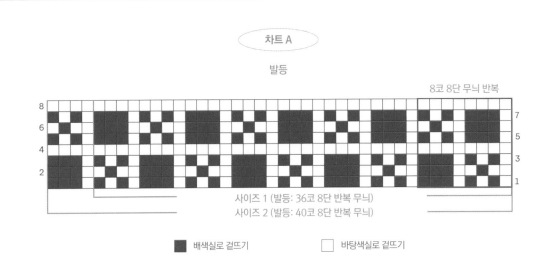

8코 8단 무늬 반복

사이즈 1 (발등: 36코 8단 반복 무늬)
사이즈 2 (발등: 40코 8단 반복 무늬)

■ 배색실로 겉뜨기　　　□ 바탕색실로 겉뜨기

Chapter 2

발등은 차트 A, 발바닥은 차트 B에 맞춰서 곧게 뜨다가 코를 잡은 단(발가락 끝)부터 잰 양말의 길이가
원하는 발 길이에서 약 5 (5.5)cm를 뺀 길이가 되면 차트 A의 3단 또는 7단에서 끝낸다.

TIP

프렌치 가든 양말을 뜰 때에는 안면에서 볼 때, 항상 배색실이 바탕색실의
아래쪽으로 가도록 해서 뜨면 무늬가 더 선명하게 떠집니다. 프렌치 가든 양말의
경우, 배색 간격이 넓지 않아서 중간에 실을 걸쳐주지 않아도 됩니다.

× 발뒤꿈치 ×

첫 번째 뒤꿈치 경사뜨기

경사뜨기 1단 : 겉 34 (38), w&t.

경사뜨기 2단(안면) : 걸러뜨기 1, 안 33 (37), w&t.

경사뜨기 3단(겉면) : 걸러뜨기 1, 전단에서 경사뜨기(w&t)
한 코 전 1코 남을 때까지 겉뜨기, w&t.

경사뜨기 4단(안면) : 걸러뜨기 1, 전단에서 경사뜨기(w&t)
한 코 전 1코 남을 때까지 안뜨기, w&t.

경사뜨기 3~4단을 10 (12)회 더 반복한다.

발뒤꿈치 랩앤턴 경사뜨기하는 법 71쪽 참고.
랩앤턴 경사뜨기로 만들어진 코 정리하는 법 72쪽 참고.

차트 B

발바닥(4코 24단 반복)

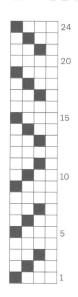

두 번째 뒤꿈치 경사뜨기

다음 단(경사뜨기 1단)(겉면) : 걸러뜨기 1(여기까지 뜨면 바늘의 중앙에 11 (11)코가 있고,

그 양 옆으로 w&t한 코가 각각 12 (14)코가 있는 상태가 된다), 겉 11 (11), 겉뜨기로 w&t한 코 정리하기, w&t.

경사뜨기 2단(안면) : 걸러뜨기 1(두 겹으로 w&t한 코가 됨), 안 12 (12), 안뜨기로 w&t한 코 정리하기, w&t.

경사뜨기 3단(겉면) : 걸러뜨기 1(두 겹으로 w&t한 코가 됨), 전단에서 w&t한 코 전까지 겉뜨기,

겉뜨기로 두 겹으로 w&t한 코 정리하기, w&t.

경사뜨기 4단(안면) : 걸러뜨기 1(두 겹으로 w&t한 코가 됨), 전단에서 w&t한 코 전까지 안뜨기,

안뜨기로 두 겹으로 w&t한 코 정리하기, w&t.

경사뜨기 3~4단을 10 (12)회 더 반복한다.

다음 단(겉면) : 걸러뜨기 1(여기까지 뜨면 뒤꿈치를 뜨고 있는 바늘의 양 끝으로

두 겹으로 w&t한 코가 각각 1코씩 남아있는 상태가 됩니다), 단의 시작점까지 겉뜨기.

이때, 두 겹으로 w&t한 코가 나오면 겉뜨기로 정리합니다.

✕ **다리** ✕

바탕색실과 배색실로 원통뜨기를 시작한다.

다음 단 : 차트 A의 1단 또는 5단에 맞춰서 빨간 상자로 표시된 부분을 9 (10)회 반복한다.

차트 A의 무늬를 유지하며 곧게 약 14 (15)cm를 뜨다가

또는 원하는 다리 길이가 될 때까지 곧게 뜨다가 차트 A의 4단 또는 8단에서 끝낸다.

차트 A의 4단 또는 8단에서 끝낸다.

✕ **발목** ✕

배색실을 끊고 바탕색실로만

고무단 : [겉 2, 안 2] 끝까지 반복.

고무단을 13 (13)단 더 반복한다.

✕ **마무리** ✕

고무무늬에 맞춰서 뜨며 한 코씩 떠서 첫 번째 코를 두 번째 코에 덮어씌우는 방식으로 마무리한다.

덮어씌워 코막기와 신축성 있는 코막음의 끝단 모양 비교

일반적으로 사용되는 코를 덮어씌우는 방식으로 마무리한 프렌치 가든 양말(사진 왼쪽)과 돗바늘을 이용해 꿰매는 방식으로 신축성 있는 마무리를 한 오디너리 데이(사진 오른쪽)의 비교.
마무리된 단의 모양은 덮어씌워 코막기가 더 깔끔하지만 신축성이 떨어져서 신축성 있는 코막음을 해야할 때가 있습니다.

Technique 덮어씌우는 방식으로 마무리할 때 첫 코와 마지막 코 단 차이로 인한 어긋나는 현상 줄이는 방법

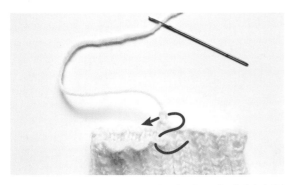

1 모든 코가 코막음이 되면 실꼬리를 남겨 자른 후, 돗바늘에 꿰서 사진의 화살표 방향과 동일한 위치로 돗바늘을 통과시킵니다.

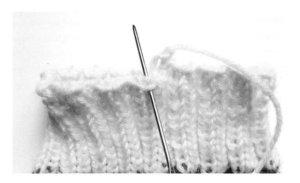

2 실꼬리를 꿴 돗바늘을 첫 번째로 코막음을 했던 코의 사슬처럼 만들어진 코 아래쪽을 통과시킨 후에,

3 마지막 코에서 실 꼬리가 나왔던 위치로 다시 통과시키면, 원통뜨기 코 막음에서 단 차이로 인한 어긋남을 최소화할 수 있습니다.

홀리데이 양말

홀리데이 양말은 한겨울의 쏟아지는 듯한 눈꽃무늬를 배색 방식으로 표현한 양말입니다. 눈이 오는 날의 포근하고 행복한 느낌을 담아 연말의 분위기를 느낄 수 있도록 홀리데이라고 이름 지었습니다. 홀리데이 양말은 2가지 색실을 끊지 않고 뜨는 배색뜨기 방법인 스트랜디드 니팅 방식으로 뜹니다. 뜰 때 특별한 언급이 없는 한 실을 끊지않고 계속 이어서 뜹니다. 게이지를 유지하면서 불규칙적인 넓은 간격의 무늬를 떠야하는 다소 난이도가 있는 도안에 속합니다.

홀리데이 양말

완성 사이즈	여성용 M 가볍게 블로킹한 상태에서, 양말의 발 둘레 약 19cm, 발 길이 24.5cm 대바늘 사이즈나 실 굵기 등을 조정해서 완성 사이즈를 조절하세요.
실	오팔 Uni 4ply (75% 버진 울, 25% 폴리아미드. fingering 굵기. 425m/100g) 바탕색실 : 5193 1볼 배색실 : 2620 1/2볼
게이지	9.5코 × 9단 = 사방 2.5cm, 가볍게 블로킹한 상태에서 배색 차트 기준
바늘	2.5mm, 2.25mm 80cm 이상의 줄바늘/장갑바늘. 또는 게이지에 맞는 바늘

NOTE
 	
	· 배색뜨기를 할 때, 동일한 색으로 4코 이상 뜨게 되는 경우에는 뜨지 않는 색의 실을 뜨고 있는 색의 실에
	  한 번 교차해서 실이 늘어지지 않도록 합니다. 홀리데이 양말의 경우,
	  안면에서 배색실이 바탕색실의 아래로 가도록 해서 뜨면 무늬가 더 잘 드러납니다.
	· 배색 양말은 뜨개 방법의 특성상 신축성이 매우 낮습니다. 게이지가 항상 일정하게 유지되도록
	  주의하면서 뜹니다. 뜨지 않는 색의 실이 너무 늘어지거나 당겨지지 않도록 해주세요.
	· 특별한 언급이 없는 한 배색실은 끊지 않고 계속 연결해서 뜹니다.

× 다리 ×

2.5mm 대바늘과 바탕색실을 이용해 옛 노르웨이 방식으로 72코를 만든다(코잡기 42쪽 참고).

단이 꼬이지 않도록 주의하면서 바늘에 실을 고르게 나눈 후, 마지막 코와 시작코를 연결해 원통뜨기를 시작한다.

고무무늬 단 : [꼬아뜨기 1, 안 1] 끝까지 반복.

고무무늬 단을 13단 더 반복해 발목 단의 길이가 약 3.5cm가 될 때까지 뜬다.

또는 원하는 발목 단의 길이가 될 때까지 고무무늬 단을 반복한다.

배색실을 연결해서, 바탕색실과 배색실로 차트 A(165쪽)의 1단에 맞춰 진행한다.

차트 A의 2~51단을 진행해서 양말의 다리 부분을 뜬다.

> 차트 A의 5번째 단에서 코줄임 부분이 있습니다. 이 점에 주의해주세요.
> 차트를 볼 때, 칸을 구분하기 쉽도록 5칸, 5줄마다 굵은 선으로 표시를 했습니다.

• 차트는 맨 오른쪽에서 왼쪽으로 읽습니다.

홀리데이 양말의 다리 부분

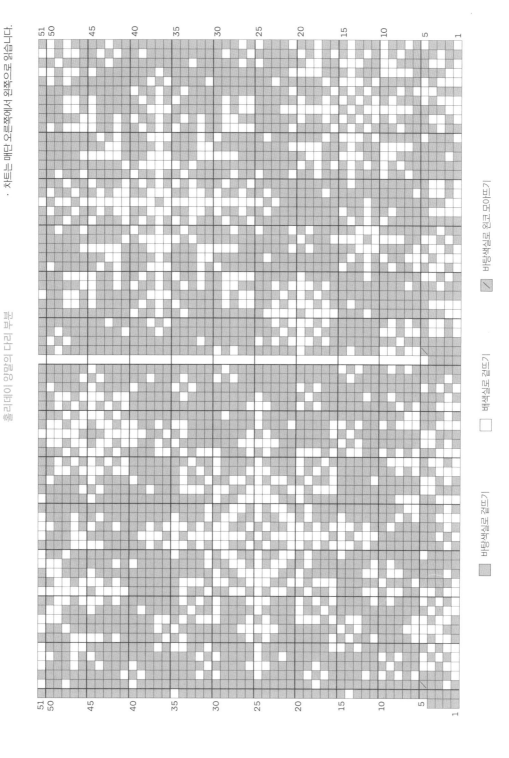

홀리데이 양말

🔲 바탕색실로 걷뜨기　　⬜ 배색실로 걷뜨기　　◪ 바탕색실로 왼코 모아뜨기

✽ 발뒤꿈치 ✽

다음 단부터는 **바탕색실만을 이용해 발뒤꿈치를 평면으로 뜬다. 이때, 배색실은 끊지 않는다.**

첫 37코는 발등이 되고 나머지 35코는 발바닥이 된다. 뒤꿈치 단은 발바닥이 되는 35코를 가지고 뜬다.

뒤꿈치 단

편물을 뒤집어서 바탕색실로

다음 단(안면) : 걸러뜨기 1, 안 17, 안뜨기로 1코 늘리기, 안 17, 편물 뒤집기. — 1코 늘어남.

발뒤꿈치 1단(겉면) : [걸러뜨기 1, 겉 1] 끝까지 반복.

발뒤꿈치 2단(안면) : 걸러뜨기 1, 안 35.

발뒤꿈치 1~2단을 15회 더 반복한다.

뒤꿈치 바닥

경사뜨기 1단(겉면) : 걸러뜨기 1, 겉 22, 오른코 모아뜨기, 겉 1, 편물 뒤집기.

경사뜨기 2단(안면) : 걸러뜨기 1, 안 11, 안뜨기로 2코 모아뜨기, 안 1, 편물 뒤집기.

경사뜨기 3단(겉면) : 걸러뜨기 1, 겉뜨기하다가 전 단과 단 차이가 나기 전 1코 남았을 때,

오른코 모아뜨기, 겉 1, 편물 뒤집기.

경사뜨기 4단(안면) : 걸러뜨기 1, 안뜨기하다가 전 단과 단 차이가 나기 전 1코 남았을 때,

안뜨기로 2코 모아뜨기, 안 1, 편물 뒤집기.

경사뜨기 3~4단을 4회 더 반복한다. — 24코가 됨.

바탕색실을 끊는다.

거싯 만들기

단의 시작점에서 바탕색실을 다시 연결한다.

바탕색실과 배색실을 이용해서 차트 B(167쪽)에 맞춰서 뜬다.

다음 단(겉면) : 차트 B의 1단에 맞춰서 발뒤꿈치 단의 오른쪽 가장자리 솔기를 따라 겉뜨기로 18코 코줍기,

11코 진행, 배색실로 왼코 모아뜨기, 11코 진행, 발뒤꿈치 단의 왼쪽 가장자리 솔기를 따라 겉뜨기로 18코 코줍기,

마커 끼우기, 36코 진행 — 총 95코가 됨.

다음 단부터는 차트 B에 맞춰서 원통뜨기를 하면서 거싯 줄임을 진행한다.

차트 B의 2-24단을 진행한다. — 총 71코가 됨.

차트 B

발등과 발바닥의 거싯 줄임 부분

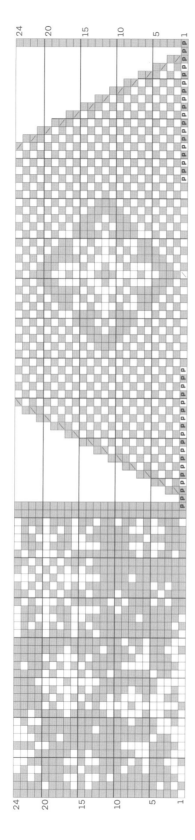

P 배색실을 이용해서 발뒤꿈치단 솔기에서
걸뜨기로 1코 줄이기

배색실로 왼코 모아뜨기

P 바탕색을 이용해서 발뒤꿈치단 솔기에서
걸뜨기로 1코 줄이기

배색실로 오른코 모아뜨기

· 차트는 매단 오른쪽에서 왼쪽으로 읽습니다.

× **발** ×

다음 단 : 차트 C의 1단에 맞춰서 35코 진행, 마커 옮기기, 36코 진행.

차트 C의 2~34단을 진행해서 양말의 발 부분을 뜬다.

차트 C의 34단 발등 중앙 부분에서 코줄임이 있다는 점에 주의한다.

― 총 70코가 됨.

차트 C

발등과 발바닥 부분에 해당

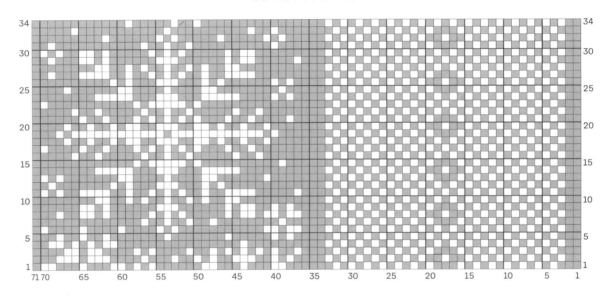

✕ 발가락 ✕

배색실을 끊는다. 2.25mm 바늘로 바꿔서 바탕색실로만

겉뜨기를 1단 진행한다.

발가락 1단(줄임 단) : [겉 1, 오른코 모아뜨기, 겉뜨기하다가 다음 마커 전 3코 남았을 때,

왼코 모아뜨기, 겉 1, 마커 옮기기] 2회 반복.

발가락 2단 : 겉뜨기.

발가락 1~2단을 10회 더 반복한 후, 발가락 1단(줄임 단)을 진행한다. — 22코가 남음.

✕ 마무리하기 ✕

실 꼬리를 약 20cm 정도 남겨서 바탕색실을 자른다.

두 개의 바늘에 각각 11코가 되도록 분산시킨 후

(첫 번째 마커와 두 번째 마커 사이의 11코가 한 바늘에 가도록 함), 마커를 모두 제거한다.

돗바늘을 이용해서 키치너 스티치로 꿰매서 마무리한다.

키치너 스티치로 마무리하는 법 59쪽 참고.

컵케이크 양말

컵케이크 양말은 실 자체의 색감이 강한 양말실로 뜨기 좋은 도안입니다. 알록달록하게 만드는 컵케이크처럼 실 자체의 과감한 색감을 그대로 드러내기 좋도록 디자인했습니다. 단색실로 떠도, 색감이 강한 색의 실로 떠도 잘 어울리는 패턴입니다.

컵케이크 양말은 발목에서 떠내려가는 방식의 양말로 랩앤턴w&t이나 코를 줍는 과정 없이 양말을 뜰 수 있습니다. 웨지 형태로 만들어지는 뒤꿈치와 거싯은 다소 투박해보일 수 있지만 뒤꿈치를 잘 감싸주어서 좋은 착용감을 만들어 줍니다. 겉뜨기와 안뜨기를 기본으로 한 립패턴의 양말로, 심플하면서 뜨기 쉬운 양말입니다. 뒤꿈치 랩앤턴 경사뜨기나 코줍기 하는 부분을 뜨는 게 신경 쓰였다면, 컵케이크 양말로 좀 더 수월하게 양말을 완성하실 수 있을 거예요.

완성사이즈	S (M, L) 가볍게 블로킹한 상태에서 양말의 발 둘레 약 17.5 (20, 22.5)cm, 발 길이 23.5 (24.5, 25.5) cm 사진은 M 사이즈 양말입니다.
실	오팔 선라이즈(75% 버진울, 25% 폴리아미드. 425m/100g. Fingering) 9442 1 (1, 1)볼
게이지	7.5코 × 11단 = 사방 2.5cm, 가볍게 블로킹한 상태에서 메리야스 뜨기 기준
바늘	2.25mm 80cm 이상의 줄바늘/장갑바늘
NOTE	· 대괄호([ ])로 표시된 부분은 대괄호 안의 내용을 지시한 횟수만큼 반복하라는 의미입니다. · '패턴을 유지한다'는 전단에서 겉뜨기한 코는 겉뜨기, 안뜨기한 코는 안뜨기한다는 의미입니다. · 컵케이크 양말의 다리부분은 겉면과 안면의 패턴이 동일해서 뜨다가 편물이 뒤집히거나 역방향으로 뜨는 실수를 하기 쉽습니다. 편물의 겉면을 마커로 표시해 두면 편물이 뒤집히는 일을 방지할 수 있습니다.

× 다리 ×

옛 노르웨이 방식으로 56 (64, 72)코를 만든다(코잡는 법 42쪽 참고).

단이 꼬이지 않도록 주의하면서 첫 코와 마지막 코를 연결해 원통뜨기를 시작한다.

단의 시작점을 표시하는 마커를 끼워둔다.

발목 단 : [꼬아뜨기 1, 안 1] 반복.

고무단을 15회 더 반복한다.

고무무늬 단 : [겉 1, 안 2, 겉 1] 반복.

코 잡은 단부터 잰 발목의 길이가 12 (12, 15)cm가 될 때까지, 또는 원하는 다리 길이가 될 때까지

고무무늬 단을 곧게 뜬다.

× 발뒤꿈치 ×

거싯 만들기

다음 단(늘림 단) : 패턴을 유지하며 28 (32, 36)코 진행, 안뜨기로 오른코 만들기,

패턴을 유지하며 28 (32, 36)코 진행, 안뜨기로 왼코 만들기. ─ 58 (66, 74)코가 됨.

다음 단 : 패턴을 유지하며 1단 진행.

다음 단(늘림 단) : 패턴을 유지하며 28 (32, 36)코 진행, 안뜨기로 오른코 만들기, 마커 끼우기,

안 1, 패턴을 유지하며 28 (32, 36)코 진행, 안 1, 마커 끼우기, 안뜨기로 왼코 만들기. ─ 60 (68, 76)코가 됨.

다음 단 : 패턴을 유지하며 1단 진행.

거싯 1단(늘림 단) : 첫 번째 마커까지 패턴을 유지하며 뜨다가, 안뜨기로 오른코 만들기, 마커 옮기기,

두 번째 마커까지 패턴대로 뜨다가, 마커 옮기기, 안뜨기로 왼코 만들기, 끝까지 안뜨기.

거싯 2단 : 패턴을 유지하며 1단을 진행한다(**늘림 없음**).

거싯 1~2단을 11 (13, 15)회 더 반복한다. ─ 총 84 (96, 108)코가 됨.

뒤꿈치 바닥

단의 시작부분에서부터 42 (48, 54)코가 첫 번째 바늘에 있도록 한 후에,

단의 시작부분의 42 (48, 54)코로 뒤꿈치 바닥 뜨기를 **평면으로 진행한다.** 마커는 모두 제거한다.

경사뜨기 1단(겉면) : 겉 17 (19, 21), 오른코 모아뜨기, 겉 1, 편물 뒤집기.

경사뜨기 2단(안면) : 걸러뜨기 1, 안7 (7, 7), 안뜨기로 2코 모아뜨기, 안 1, 편물 뒤집기.

경사뜨기 3단(겉면) : 걸러뜨기 1, 겉뜨기하다가 전단과 단차이가 나기 전 1코 남았을 때,

오른코 모아뜨기, 겉 1, 편물 뒤집기.

경사뜨기 4단(안면) : 걸러뜨기 1, 안뜨기하다가 전단과 단 차이가 나기 전 1코 남았을 때,

안뜨기로 2코 모아뜨기, 안 1, 편물 뒤집기.

경사뜨기 3~4단을 8 (10, 12)회 더 반복한다. **이때, 마지막 바늘에 있는 14 (16, 18)코를**

첫 번째 바늘로 옮겨 경사뜨기를 계속 진행한다. 여기까지 뜨면 첫 번째 바늘의 중앙에 28 (32, 36)코,

양 옆에 아직 뜨지 않은 4 (4, 4)코가 있는 상태가 된다.

다음 단(겉면) : 걸러뜨기 1, 겉 26 (30, 34), 오른코 모아뜨기, 편물 뒤집기.

다음 단(안면) : 걸러뜨기 1, 안 26 (30, 34), 안뜨기로 2코 모아뜨기, 편물 뒤집기.

마지막 두 단을 3 (3, 3)회 더 반복한다. ― 첫 번째 바늘에 총 28 (32, 36)코가 됨.

˟ **발** ˟

다음 단부터는 원통뜨기를 시작한다.

다음 단 : 걸러뜨기 1, 겉 27 (31, 35), 마커 끼우기, 패턴을 유지하며 28 (32, 36)코 진행, 마커 끼우기.

시작점에서 첫 번째 마커 전까지는 발바닥이 되고, 첫 번째 마커에서 두 번째 마커까지는 발등이 된다.

발바닥은 겉뜨기, 발등은 고무무늬 패턴을 유지하며 곧게 뜨다가

발뒤꿈치 시작점부터 잰 양말의 길이가 원하는 발 길이에서 5 (5, 5.5)cm를 뺀

길이가 되면(양말의 적정 발 길이 정하는 법 58쪽 참고) 발가락을 뜨기 시작한다.

마커는 항상 편물 진행 방향에 맞게 옮긴다.

× **발가락** ×

다음 단 : 겉.

다음 단(줄임단) : [겉 1, 오른코 모아뜨기, 겉뜨기하다가 마커 전 3코 남았을 때, 왼코 모아뜨기, 겉 1] 2회 반복.

다음 단 : 겉.

다음 단 : 겉 29 (33, 37), 안 20 (24, 28), 겉 3.

다음 단 : 겉.

[줄임 단을 진행한 후, 겉뜨기를 2단 곧게 진행] 2 (2, 2)회 반복.

[줄임 단을 진행한 후, 겉뜨기를 1단 곧게 진행] 3 (3, 4)회 반복.

줄임 단을 5 (6, 7)회 반복한다. — 총 12 (16, 16)코가 됨.

× **마무리하기** ×

실 꼬리를 20cm 이상 남겨 자른다. 마커를 모두 제거하고 바늘 2개에 각각 6 (8, 8)코씩 분산시킨 다음,
돗바늘에 실 꼬리를 끼워서 키치너 스티치로 남은 코를 꿰매서 마무리한다.

chapter 3

알아두기

손뜨개 양말을 세탁하는 방법

완성된 양말은 실 띠지에 표시된 세탁 관리 기호에 맞춰서 세탁하면 됩니다. 양말실로 가공된 경우 슈퍼워시 처리가 된 울을 사용해서 물세탁이 가능하지만, 최대 30~40℃ 온도의 물을 사용해 울/섬세 세탁 모드에서 일반 세탁이 가능하고, 기계 건조나 섬유유연제 사용을 금지하는 경우가 많습니다.

저는 첫 세탁은 중성세제를 이용해 찬물로 단시간 손세탁하고(섬유유연제 사용하지 않음), 그 이후에는 세탁 망을 이용해서 세탁기에 일반 세탁을 하는 것을 추천합니다.

손으로 물기를 최대한 제거한 후에 타올을 이용해서 남은 물기를 제거하는 방식으로 물기를 없앤 후에는 양말의 모양을 잡아서 블로킹하는 과정이 필요합니다. 블로킹blocking은 완성된 뜨개 작품의 형태를 잡아 모양을 만들고 스티치를 가지런하게 해주는 과정을 뜻합니다. 블로킹을 통해 편물이 가지런해지고 무늬가 뚜렷하게 만들어집니다. 탈수 후 어느 정도의 수분감이 있는 양말을 최대한 평평하게 모양을 잡아주는 것으로도 모양을 잡을 수 있지만 양말 블로커가 있으면 양말의 형태를 잡고 스티치를 고르게 만드는 데 도움이 됩니다. 양말 블로커는 블로킹을 해주는 도구로 완성된 양말 사이즈에 맞는 블로커를 사용해야 편물이 과도하게 늘어나는 것을 방지할 수 있습니다.

오팔 양말실에 표기된 세탁 기호를 참고하면 양말 세탁시 주의점을 알 수 있습니다.

상단 첫 번째부터 기호 설명 : 세탁기에 미온수로 약하게 세탁, 건조기 사용 금지, 낮은 온도로 다림질, 2.5mm 대바늘/코바늘 사용 권장, 염소계 표백금지, 게이지 – 사방 10cm 기준 30코 42단(원통뜨기), 특정 세제를 이용한 드라이클리닝 가능.

왼쪽에 표시된 내용 : 섬유유연제 사용 금지

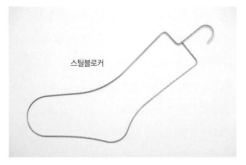

양말의 모양을 잡아주기 위해 사용하는 블로커는 아크릴, 스테인리스, 나무 등의 소재로 만들어집니다. 사진은 스테인리스 스틸 소재의 양말 블로커입니다.

스틸블로커

서술형 도안 보는 법

서술형 도안은 서술된 순서대로 쭉 따라 뜨도록 되어 있는 도안입니다. 일본식 차트화된 뜨개 도안처럼 전체의 구조가 한눈에 들어오지는 않지만, 뜨는 과정에 대한 자세한 서술이 있기 때문에 보다 상세하게 과정을 이해하며 뜰 수 있다는 장점이 있습니다. 서술된 글 설명을 따라 뜨면 작품이 완성됩니다.

· 사이즈가 세분화된 도안의 경우, 순서대로 해당 사이즈에 적용되는 콧수와 튜토리얼을 뜻합니다.
   예 : S (M) 사이즈로 된 도안의 경우 괄호 안의 숫자가 M 사이즈에 해당함. 만약, 사이즈별로 숫자가 구분되지 않았다면, 모든 사이즈에 공통적으로 적용되는 튜토리얼이라고 이해하면 됩니다.

· 대괄호([ ])로 묶여 있는 부분은 괄호 안의 부분을 하나의 세트로 보고, 괄호 안을 제시된 숫자만큼 반복하라는 의미입니다.
   예 : [겉 1, 안 1] 반복 → 겉뜨기 1코, 안뜨기 1코를 단의 끝까지 반복합니다.

· 숫자 '0'으로 표시된 부분은 해당 부분을 0회 반복하라는 의미입니다. 즉, 그 부분은 생략하면 됩니다.

· '패턴을 유지하며' 또는 '차트를 유지하며' 의 의미
   '패턴을 유지하며'는 이미 만들어진 패턴대로 뜨라는 의미입니다. 전 단에서 겉뜨기한 코는 겉뜨기를 하고, 안뜨기한 코는 안뜨기를 하면 됩니다.
   '차트를 유지하며'는 해당 차트에 맞춰서 무늬를 진행하라는 의미입니다. 만약 전단에서 차트의 1단을 떴다면, 그 다음 단에서는 특별한 언급이 없어도 차트의 2단에 맞춰 뜨면 됩니다. 반복되는 차트의 경우에는 반복되는 간격에 맞춰서 차트를 반복하면 됩니다.

· 하나의 튜토리얼은 쉼표로 구분되고, 마침표는 하나의 단이 끝났다는 의미가 됩니다.

· 단수 세는 법
   코 잡은 단은 단수에 포함하지 않습니다. 바늘에 끼워진 코를 단수에 포함시킬 경우 코 잡은 단을 단수에 포함시키면 안 됩니다. 바늘에 끼워진 코를 단수에 포함하지 않을 경우, 코 잡은 단을 단수에 포함시켜야 단수가 맞습니다.

· 원통뜨기를 할 때에 차트는 특별한 언급이 없는 한 매단 오른쪽에서 왼쪽으로 읽습니다. 양말은 대개 원통뜨기를 하기 때문에 매단 오른쪽에서 왼쪽으로 차트를 읽으면 됩니다.
  평면뜨기를 할 때에는 홀수 단은 오른쪽에서 왼쪽으로, 짝수 단은 왼쪽에서 오른쪽으로 읽습니다. 여름향기 덧신의 경우 차트를 평면으로 뜨는 부분이 있습니다. 이때, 차트를 읽는 방식을 평면뜨기로 읽어야 합니다.
  예: 무늬를 9코 진행 → 차트 읽는 방향에 맞춰서 차트의 9칸의 지시 사항에 맞게 뜨면 됩니다.

· 차트의 '코 아님'은 차트 표기상 무늬를 이해하기 좋도록 추가된 임의의 칸입니다. 실제로 뜰 때에 해당 칸은 코가 아니기 때문에 뜨지 않습니다. 코 아님 부분은 뜨지 않고 차트의 그 다음 칸에 맞춰 이어서 뜨면 됩니다.

· 차트의 빨간 박스로 표시된 부분은 해당 구간을 반복하는 부분입니다. 뜨려고 하는 사이즈에 맞춰서 해당 부분을 반복한 후 나머지 구간을 진행합니다.

· 차트 부호(차트키)는 차트의 하단 부분에 설명되어있습니다. 일반적으로 통용되는 차트 부호를 이용했지만, 일부는 특수하게 사용된 것이 있을 수 있습니다. 차트키가 지시하는 것이 무엇인지 반드시 확인한 후에 떠주세요.

겉

겉뜨기.

겉뜨기로 3코 모아뜨기

3코를 동시에 겉뜨기.

걸러뜨기

왼쪽 바늘의 1코를 (특별한 언급이 없는 한) 안뜨기하듯이 오른쪽 바늘로 옮기기.

(겉뜨기로) 꼬아뜨기

왼쪽 바늘에 있는 코의 뒤쪽으로 오른쪽 바늘을 찔러 넣어서 겉뜨기.

(겉뜨기로) 1코 늘리기(kfb)

1코를 겉뜨기한 상태에서(왼쪽 바늘에서 겉뜨기 한 코를 빼지 않은 상태) 겉뜨기한 코의 뒤쪽 실에 오른쪽 바늘을 걸어서 겉뜨기. 1코 늘어남.

바늘 비우기

오른쪽 바늘에 실을 한 바퀴 감는다.

안

안뜨기.

안뜨기로 오른코 만들기

왼쪽 바늘에 걸린 코와 오른쪽 바늘에 떠진 코의 바로 아랫단의 코 사이에 왼쪽 바늘의 뾰족한 끝부분을 이용해 뒤에서 앞으로 걸어 1코를 만든 후 안뜨기. 1코 늘어남.

안뜨기로 왼코 만들기

왼쪽 바늘에 걸린 코와 오른쪽 바늘에 떠진 코의 바로 아랫단의 코 사이의 실을 왼쪽 바늘의 끝을 이용해 앞에서 뒤로 걸어 1코를 만든 후 안뜨기로 꼬아뜨기. 1코 늘어남.

안뜨기로 1코 늘리기(pfb)

1코를 안뜨기한 상태에서(왼쪽 바늘에서 안뜨기 한 코를 빼지 않은 상태) 안뜨기한 코의 뒤쪽 실에 오른 쪽 바늘을 걸어서 다시 안뜨기. 1코 늘어남.

안뜨기로 2코 모아뜨기

2코를 동시에 안뜨기. 1코 줄어듦.

안뜨기로 2코 모아 꼬아뜨기

겉뜨기 방향으로 걸러뜨기 2, 오른쪽 바늘에 2코를 왼쪽 바늘로 옮기기, 왼쪽 바늘의 2코의 뒤쪽으로 오른쪽 바늘을 찔러 넣어서 안뜨기.

오른코 만들기

왼쪽 바늘에 걸린 코와 오른쪽 바늘에 떠진 코의 바로 아랫단의 코와 코 사이에의 실을 왼쪽 바늘의 끝을 이용해 뒤에서 앞으로 걸어 1코를 만든 후 겉뜨기. 1코 늘어남.

왼코 만들기

왼쪽 바늘에 걸린 코와 오른쪽 바늘에 떠진 코의 바로 아랫단의 코와 코 사이의 실을 왼쪽 바늘의 끝을 이용해 앞에서 뒤로 걸어 1코를 만든 후 왼쪽 바늘의 뒤쪽 실에 오른쪽 바늘을 걸어 겉뜨기. 1코 늘어남.

오른코 모아뜨기

두 가지 방법 중 어떤 방법을 사용해도 됩니다. 저는 2번 방식을 선호합니다.

1 겉뜨기하듯이 걸러뜨기 1, 겉뜨기하듯이 걸러뜨기 1, 걸러 뜬 2코를 다시 왼쪽 바늘로 옮긴 다음, 2코를 동시에 꼬아뜨기. 1코 줄어듦.

2 1코를 겉뜨기하듯 오른쪽 바늘로 옮긴 다음, 겉 1, 걸러뜨기한 코를 겉뜨기한 코에 덮어씌우기. 1코 줄어듦.

왼코 모아뜨기

2코를 동시에 겉뜨기. 1코 줄어듦.

오른코 겹쳐 3코 모아뜨기

겉뜨기하듯 걸러뜨기 1, 왼코 모아뜨기, 오른쪽 바늘의 끝에서 두 번째 코를 마지막 코에 덮어씌우기. 2코 줄어듦.

편물 뒤집기

겉면에서는 편물을 뒤집어서 안면이 나오도록, 안면에서는 편물을 뒤집어서 겉면이 나오도록 한다 (한 단을 끝까지 진행하지 않고 중간에 편물의 진행 방향을 바꾸기 위함입니다).

w&t

실의 방향을 안뜨기(겉뜨기하고 있을 때)/겉뜨기(안뜨기하고 있을 때)방향으로 바꾼 다음, 걸러뜨기 1, 실의 방향을 다시 겉뜨기/안뜨기로 바꾼 후, 편물 뒤집기, 걸러뜨기 1 (걸러뜨기한 코 아래쪽으로 실이 감싸고 있는 형태가 됨).

DS

독일식 경사뜨기로 만들어지는 코를 뜻함. 경사뜨기한 코가 마치 2코가 된 것처럼 겹쳐져서 보이는 특징이 있다. 독일식 경사뜨기는 81쪽 설명 참고(데이지 양말의 경사뜨기 부분).

k(p)DS

독일식 경사뜨기로 만들어진 코를 정리하는 부분. 2코가 된 것처럼 겹쳐진 2가닥의 실을 모두 왼코 모아뜨기(또는 안뜨기로 2코 모아뜨기)하듯이 함께 뜬다. 독일식 경사뜨기한 코 정리하는 법은 83쪽 설명 참고.

sssk

겉뜨기하듯 걸러뜨기를 2회 반복, 겉1, 걸러뜨기한 코를 겉뜨기한 코에 덮어씌우기 2회 반복.

원통뜨기

편물을 원통 형태로 둥글게 만들어서 항상 편물의 겉면을 보며 뜬다.

평면뜨기

편물을 앞면(겉면)과 뒷면(안면)으로 구분해서 겉면을 다 뜨면 편물을 뒤집어서 안면을 보며 뜨고, 안면을 다 뜨면 편물을 뒤집어서 겉면을 보면서 뜬다.

옛 노르웨이식 코잡기 Old Norwegian cast-on=German twisted cast-on

옛 노르웨이식 코잡기는 신축성 있는 코잡기가 필요할 때 사용하는 방식입니다. 유럽에서는 롱테일 캐스트온 longtail cast-on (막코 잡기로 알려진 일반적인 시작코 만드는 방식)보다 더 일반적으로 사용되는 방식이라고 합니다. 일반 코 잡기(롱테일 캐스트온)는 겉뜨기방식으로 코를 만들지만 옛 노르웨이식 코잡기는 안뜨기 방식으로 코를 만들어서 좀 더 신축성이 있습니다. 양말 뜨기의 경우, 게이지에 따라 코가 충분히 많을 때(사용하는 대바늘과 실 굵기, 게이지 등에 따라 상대적으로 결정되는 개념입니다)에는 일반 코잡기 방식으로 코를 만들어도 큰 문제가 없는 경우도 있습니다. 하지만 콧수가 충분하지 않거나 여유분이 적은 타이트한 양말을 만들 경우, 양말의 코 잡은 단이 신축성이 떨어지면 양말이 발뒤꿈치를 통과하지 않아서 착용이 어려운 경우가 생깁니다. 그래서 양말을 뜰 때에는 신축성 있는 코잡기인 옛 노르웨이식 코잡기를 추천하는 경우가 많습니다.

실 꼬리를 길게 남긴 상태에서 매듭코를 1개 만들어 바늘에 고정시킨 후, 꼬리 쪽 실은 엄지에, 볼에 연결된 실은 검지에 걸고, 실 꼬리와 볼에 연결된 실을 나머지 3개의 손가락으로 잡아 그림과 같은 상태를 만든 후에, 그림(185쪽)에 표시된 빨간색 화살표 방향으로 바늘을 통과시켜서 1코씩 만드는 방식입니다.
옛 노르웨이식 코잡기를 할 때 필요한 실 꼬리는 일반적인 코잡기할 때의 실 꼬리보다 더 길게 남겨야 합니다.

옛 노르웨이식 코잡기는 신축성이 있는 코잡기에 속하지만 그렇다고 해서 단이 무한정으로 늘어나진 않습니다. 손뜨개 양말은 기성 양말 제품처럼 신축성이 뛰어나지 않다는 점을 감안해야 합니다.

일반적인 코잡기 Long-tail cast-on

일반적인 코잡기 방식 또는 막코 잡기로 불리는 롱테일 코잡기는 우리나라에서 가장 흔하게 사용되는 대바늘 코잡기 방식입니다.

실 꼬리를 길게 남긴 상태에서 매듭코를 1개 만들어 바늘에 고정시킨 후, 꼬리 쪽 실은 엄지에, 볼에 연결된 실은 검지에 걸고, 실 꼬리와 볼에 연결된 실을 나머지 3개의 손가락으로 잡아 그림(185쪽)과 같은 상태를 만든 후에, 그림에 표시된 빨간색 화살표 방향으로 바늘을 통과시켜서 1코씩 만드는 방식입니다.

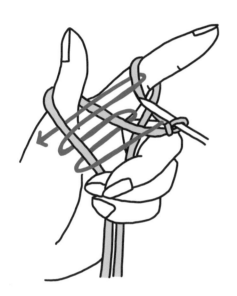

옛 노르웨이식 코잡기

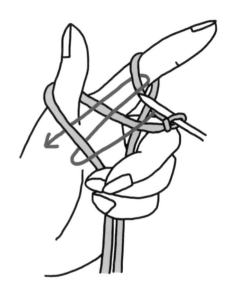

일반적인 코잡기

옛 노르웨이식 코잡기(오른쪽 그림)는 일반 코잡기(왼쪽 그림)에 비해 대바늘의 움직임이 많아서 코를 만들 때 다소
어렵다고 느껴질 수도 있습니다. 이 때문에 느슨하게 코를 만들기 위해 바늘을 2개를 붙들고 일반 코잡기를 하는 경우도
있습니다. 이 경우 코 잡은 단의 모양이 늘어져서 완성 후에 이 부분이 거슬릴 수 있습니다. 저는 신축성 있는 코잡기가
필요할 때에는 옛 노르웨이식 코잡기를 하는 것을 더 추천합니다.

터키식 코잡기Turkish cast-on

터키식 코잡기는 토업 양말의 코잡기 방식에서 사용되는 방식으로, 메리야스 편물의 형태를 유지하면서 코를 양쪽으로 만들 때 사용하는 방식입니다. 유사한 방식으로 주디의 매직 코잡기Judy's magic cast-on가 있습니다. 터키식 코잡기가 훨씬 더 직관적으로 이해하고 쉽고, 따라하기 좋기 때문에 저는 터키식 코잡기를 선호하고 있습니다.

1 실 꼬리 쪽에 매듭코를 만들어서 바늘에 끼워 실을 고정합니다.
2 실을 고정시킨 바늘을 아래쪽에 둔 상태에서 줄바늘의 양끝이 오른쪽을 향하도록 잡습니다.
3 만들어야 할 콧수의 1/2에 해당하는 횟수만큼 바늘에 실을 감습니다.
　　실을 감는 방향 : 바늘의 뒤에서 앞쪽으로
4 바늘에 감은 실이 풀리지 않도록 주의하면서 첫 단(대개 겉뜨기)을 뜨기 시작합니다.

키치너 스티치Kitchener's stitch

돗바늘을 이용해서 메리야스 모양으로 꿰매서 마무리하는 법입니다.
두 개의 바늘에 동일한 코 수가 되도록 분산시킨 다음, 안쪽 면이 마주 보이게 편물을 잡습니다. (겉면이 바깥쪽으로 향한 상태) 꿰매야 할 단의 단면 기장의 3~4배 정도 실 꼬리를 남겨서 자른 후, 돗바늘에 꿰어주세요.

1 첫 번째 바늘(앞쪽 바늘)의 첫 번째 코에 돗바늘을 안뜨기 방향으로 통과시킵니다.
2 두 번째 바늘(뒤쪽 바늘)의 첫 번째 코에 돗바늘을 겉뜨기 방향으로 통과시킵니다.
3 첫 번째 바늘의 첫 번째 코에 돗바늘을 겉뜨기 방향으로 통과시킨 후, 첫 번째 코를 바늘에서 뺍니다. 그런 다음, 첫 번째 바늘의 두 번째 코에 돗바늘을 안뜨기 방향으로 통과시킵니다.
4 두 번째 바늘의 첫 번째 코에 돗바늘을 안뜨기 방향으로 통과시킨 후, 첫 번째 코를 바늘에서 뺍니다. 그런 다음, 두 번째 바늘의 두 번째 코에 돗바늘을 겉뜨기 방향으로 통과시킵니다.
　　3과 4를 끝까지 반복.

신축성 있는 코막음(짐머만식 마무리)

돗바늘을 이용해 꿰매서 코막음하는 방식. 신축성이 좋은 코막음 방식의 하나입니다. 콧수가 충분하면(사용하는 대바늘과 실 굵기, 게이지 등에 따라 상대적으로 결정되는 개념입니다) 코를 덮어씌우는 방식으로 일반적인 코막음을 해도 괜찮지만, 타이트한 핏의 양말의 경우 신축성 있는 마무리를 하지 않으면 양말이 발뒤꿈치를 통과하지 못하는 일이 벌어집니다. 신축성이 필요한 경우에는 돗바늘을 이용해서 꿰매서 코막음 하는 짐머만식 마무리 방법을 추천합니다. 신축성 좋은 코막음 방식 중 가장 깔끔하게 마무리가 되어서 개인적으로 선호하는 방식입니다.

1 실꼬리를 마무리할 단의 총 길이의 3~4배 정도로 길게 남겨서 자른 다음, 돗바늘에 실을 꿴니다.
2 첫 번째와 두 번째 코를 동시에 안뜨기 하듯 돗바늘을 통과시킨 후,
3 첫 번째 코를 겉뜨기 하듯 돗바늘을 통과시킨 다음, 첫 번째 코를 바늘에서 뺍니다.
    2와 **3**을 반복해서 모든 코를 꿰매는 방식으로 코막음합니다.

아이코드 코막음하기|I-cord bind off

아이코드 뜨기를 하며 단을 마무리하는 방법. 아이코드는 원통형으로 만들어지는 끈 형태를 뜻합니다. 아이코드 코막음을 하면 끝단이 둥근 띠를 두른 것 같은 형태로 마무리됩니다.

1 오른쪽 바늘의 3코를 왼쪽 바늘로 옮긴 후,
2 겉 2, 오른코 모아뜨기. **1~2**를 반복하다가 마지막 3코는 코막음해서 키치너 스티치로 아이코드 코막음을 시작했던 부분에 맞춰서 꿰매는 방식으로 마무리합니다.
    아이코드 코막음이 적용된 물방울 덧신의 마무리 부분에서는 양쪽의 아이코드 끝단을 꿰매서 연결하는 방식으로 마무리하도록 되어 있습니다.

실 구입처 앵콜스 뜨개실 ancalls.com   니트러브 knitlove.co.kr

누구나 쉽게 따라하는 사계절 손뜨개 양말

초판 1쇄 발행일 2021년 4월 15일
초판 3쇄 발행일 2022년 11월 15일

지은이 이상미

발행인 윤호권
사업총괄 정유한

편집 정인경 **디자인** 서은주
발행처 ㈜시공사 **주소** 서울시 성동구 상원1길 22, 6-8층(우편번호 04779)
대표전화 02-3486-6877 **팩스(주문)** 02-585-1755
홈페이지 www.sigongsa.com / www.sigongjunior.com

글 ⓒ 이상미, 2021 | 사진 ⓒ 강정호, 2021